普通高等教育"十三五"规划教材
高等院校计算机系列教材

C 语言程序设计
实验指导及课程设计

主　编　薛　莲　刘欢欢
副主编　黄玉兰　胡成松

华中科技大学出版社
中国·武汉

内容介绍

全书共分为三个部分，第一部分为上机实验，第二部分为课程设计，第三部分为测试。第一部分的上机实验提供了12个实验，学员可以根据自身情况安排24～36学时训练。在每个实验中设计了基础部分和提高部分，其中基础部分内容较简单，以熟悉相关语法和知识点为目的，提高部分安排了一定难度的训练，包括常用的算法设计、知识综合运用等内容的题目。为了提高学员的学习效率，编者给出了部分题目的设计思路及参考代码供大家借鉴。第二部分为课程设计。本部分以"职工信息管理系统"和"通信录管理系统"为例，给出了课程设计开展的详细要求、分析设计思路以及实现方法，并提供了课程设计报告的样稿供大家参考，同时提供了10个课程设计的案例供老师和学生选择。学生可以按照该部分内容逐步分析、理解课程设计开展的步骤及思路，将系统逐步分解后实现，使学生不再为接到课程设计的任务后不知所措。第三部分主要是编者将多年来整理收集的习题进行汇总，以便学生进行自我测试。

本书可作为高等院校计算机科学与技术专业、软件工程专业、计算机应用专业，以及电子类等其他相关专业的C语言课程的配套教材，同时可供从事相关专业的软件开发人员及相关大专院校的师生参考。

图书在版编目(CIP)数据

C语言程序设计实验指导及课程设计/薛莲，刘欢欢主编. —武汉：华中科技大学出版社，2020.8(2024.1重印)
ISBN 978-7-5680-6571-9

Ⅰ.①C… Ⅱ.①薛… ②刘… Ⅲ.①C语言-程序设计-高等学校-教材 Ⅳ.①TP312.8

中国版本图书馆CIP数据核字(2020)第162394号

C语言程序设计实验指导及课程设计
C Yuyan Chengxu Sheji Shiyan Zhidao ji Kecheng Sheji

薛　莲　刘欢欢　主编

策划编辑：范　莹
责任编辑：陈元玉
封面设计：原色设计
责任监印：徐　露
出版发行：华中科技大学出版社(中国·武汉)　　电话：(027)81321913
武汉市东湖新技术开发区华工科技园　　邮编：430223
录　　排：武汉市洪山区佳年华文印部
印　　刷：武汉市洪林印务有限公司
开　　本：787mm×1092mm　1/16
印　　张：11
字　　数：253千字
版　　次：2024年1月第1版第2次印刷
定　　价：32.00元

前　言

C语言作为一门通用的语言，经历了几十年的发展，深受广大用户的喜爱，长期占据最受欢迎的编程语言的前三位，在过去很流行，现在依然如此。C语言具有其他高级语言的强大功能，却又具有很多直接操作计算机硬件的功能，几乎每一个理工科专业的学生毫无例外地要学习它，掌握C语言是对每一个计算机技术人员乃至当代大学生的基本要求之一。学习和掌握C语言，既可以增进对于计算机底层工作机制的了解，又为进一步学习其他高级语言打下坚实的基础。

本书由长期在教学一线从事C语言教学的老师编写，突出加强了对理论知识运用能力的培养，全书共分为三个部分，第一部分为上机实验，第二部分为课程设计，第三部分为测试。

第一部分的上机实验提供了12个实验，学员可以根据自身掌握情况安排24～36学时训练。在每个实验中设计了基础部分和提高部分，其中基础部分内容较简单，以熟悉相关语法和知识点为目的，提高部分安排了一定难度的训练，包括常用的算法设计、知识综合运用等内容的题目。为了提高学员的学习效率，编者给出了部分题目的设计思路及参考代码供大家借鉴。

第二部分为课程设计。本部分以"职工信息管理系统"和"通信录管理系统"为例，给出了课程设计开展的详细要求、分析设计思路以及实现方法，并提供了课程设计报告的样稿供大家参考，同时提供了10个课程设计的案例供老师和学生选择。学生可以按照该部分内容逐步分析、理解课程设计开展的步骤及思路，将系统逐步分解后实现，使学生不再为接到课程设计的任务后不知所措。

第三部分为测试，编者根据教学经验，将整个C语言的学习过程分为三个阶段。三个阶段分别截止于选择结构、数组及文件内容结束后。读者可以在每个阶段结束后完成1～2套单元测试，对学习的内容进行巩固，在整门课程内容结束后，完成2套综合测试。

本书第一部分的实验1由胡成松编写，实验2、实验3由刘欢欢、薛莲编写，实验4～实验7由薛莲编写，实验8、实验9由黄玉兰、薛莲编写，实验10～实验12由薛莲编写；第二部分、第三部分由薛莲编写。全书由薛莲统稿。

本书在编写过程中得到了武汉工商学院、武昌工学院、武汉设计工程学院、武汉东湖学院领导的大力支持，在此一并表示感谢。

由于编者水平有限，书中难免出现疏漏之处，恳请广大读者批评指正。

编　者

2020年5月

目　　录

第一部分　上机实验

第二部分　课程设计

第三部分　测试

第一部分

上机实验

实验1　简单程序设计

一、实验目的

(1) 熟练掌握 Visual C++ 6.0 编译环境的用法;

(2) 熟练掌握变量的定义及赋值方法;

(3) 熟练掌握算术运算符的用法;

(4) 掌握简单的顺序结构程序的编写思路。

二、实验内容及步骤

1. 基础部分

(1) 在屏幕上打印包含个人信息的内容,如我是计算机科学与技术专业2019计算机本科1班的张明,学号为19410004,这是我的第一个C语言程序。编写程序时,将下划线部分的信息更换为自己的真实信息。

提示:

● 点击“开始”菜单,启动 Visual C++ 6.0 程序。

● 点击“文件”→“新建”→“C++ Source File”,输入文件名(如1.c),选择文件放置的位置后,点击“确定”按钮,输入程序代码后调试运行。

参考程序如下。

```
#include "stdio.h"
void main()
{
    printf("我是计算机科学与技术专业 2019 计算机本科 1 班的张明,学号为 19410004,这是我的第一个 C 语言程序。\n");
}
```

(2) 在屏幕上输出包括下列选项的菜单,菜单如图1-1所示。

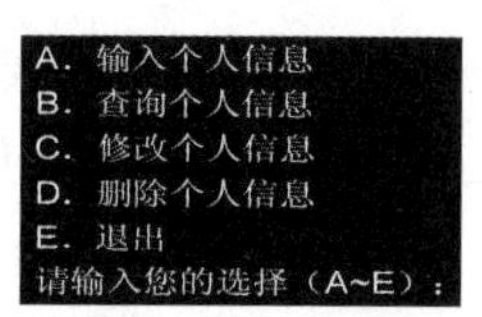

图1-1　输出样例图

部分参考代码如下。

```
________________________________
void main()
{
    printf("A.输入个人信息\n");
    printf("B.查询个人信息\n");
    ________________________________
    ________________________________
    printf("E.退出\n");
    ________________________________
}
```

(3) 现需完成模拟超市收银的操作,当工作人员输入购买的某件商品的单价和数量后,输出相关信息和应付的款项(需要有清晰的输入提示信息和醒目的输出提示信息)。

提示:

● 根据数据表示的意义确定数据类型,定义变量。本题可定义 int 型的 num,float 型的 price、total,它们分别存放该商品的数量、单价和应付款项。

● 输出提示信息,以提示用户输入该商品的单价和数量。

● 使用输入函数 scanf()完成单价和数量的输入,注意不同类型的变量输入使用不同的格式控制符。

● 进行运算,应付款项=数量 * 单价。

● 输出商品的单价、数量和应付款项信息。

参考程序如下。

```
#include "stdio.h"
void main()
{
    int num;
    float price,total;
    printf("请分别输入该商品的单价和数量:");
    scanf("%f,%d",&price,&num);
    total=num* price;
    printf("单价=%f,数量=%d,总价=%f\n",price,num,total);
}
```

(4) 输入一个四位数的整数,先求出每个位数上的数值,然后用每个位数上的数值组成一个新的数据,该数与原数据各位上的数值排列刚好相反。

提示:

● 定义 int 型变量 m、n、thou、hund、ten、div,分别用来存放初始整数和逆序后的数据,以及初始整数千位、百位、十位、个位上的数值。

● 输出让输入的提示信息,完成对 m 的输入。

● 分别求原数的千位、百位、十位、个位上的数值,并赋值给相应的变量,可以如下操作:

```
thou=m/1000;hund=m%1000/100;ten=m%100/10;div=m%10;
```

- 根据求得的千位、百位、十位、个位数值组合成新的数据，并赋值给 n。
- 输出最终结果。

部分参考代码如下。

```
#include "stdio.h"
void main()
{
    int m,thou,hund,ten,div,n;
    printf("请输入一个四位数：");
    scanf("%d",&m);
    thou=m/1000;
    ____________________________
    ____________________________
    div=m%10;
    n=div*1000+ten*100+hund*10+thou;
    ____________________________
}
```

(5) 输入两个同学的信息，然后按照一定的格式输出(需要输出表头，数据间需要合理的空格)。

输入的信息包括：两个同学的学号，性别，语文、数学各自的分数。

输出的信息包括：学号，性别，语文、数学各自的分数，总分，平均分。

输出的表头样式如图 1-2 所示。

学号　性别　　语文　　数学　总分　平均分

图 1-2　输出的表头样式

部分参考代码如下。

```
#include <stdio.h>
void main()
{
    long id1,id2;
    char sex1,sex2;
    ______________________
    float score_math1,score_math2;
    ______________________
    float aver1,aver2;
    printf("请依次输入第一个同学的如下信息(用逗号分隔):学号,性别,语文、数学各自的分
    数:\n");
```

```
    scanf("%ld,%c,%f,%f",&id1,&sex1,&score_chi1,&score_math1);
    ________________________________________
    ________________________________________
    sum1=score_chi1+score_math1;
    ____________________________
    aver1=sum1/2;
    ___________________
    printf(" 学号   性别   语文   数学   总分   平均分\n");
    printf("%8ld %3c    %6.2f   %6.2f   %6.2f   %6.2f\n",id1,sex1,score_chi1,
    score_math1,sum1,aver1);
    ________________________________________
}
```

(6) 输入两个整数,求两个整数的平方和并输出。

部分参考代码如下。

```
#include <stdio.h>
    void main( )
    { int a,b,s;
    printf("please input a,b:\n");
    ___________________
    ___________________
    printf("the result is %d\n",s);
    }
```

2. 提高部分

(1) 输入一个矩形的长和宽,求出周长及其面积,并将结果保留小数点后两位输出。

(2) 从键盘输入两个实数,求其和、差、积、商的结果,并将所有结果输出(不考虑除数为0的情况)。

(3) 现有 $ax+b=0$ 的一元一次方程,其中 a、b 从键盘输入,求该方程的根,将根的小数点后第三位进行四舍五入,并将结果输出(可不考虑 a 为 0 的情况)。

实验2　选择结构程序设计(1)

一、实验目的

(1) 掌握C语言的关系运算符、逻辑运算符及其对应表达式的使用情况；
(2) 掌握if语句的使用方法；
(3) 掌握if-else语句的使用方法。

二、实验内容及步骤

1. 基础部分

(1) 运行并分析以下程序。

```
#include <stdio.h>
void main()
{
    int a=10;
    if (a>10)
        printf("%d\n",a>10);
    else
printf("%d\n",a<=10);
}
```

(2) 从键盘输入一个字符,判断它是否为大写字母。如果是,则将它转换成对应的小写字母;如果不是,则不进行任何操作。然后输出最后得到的字符。

提示:

- 输入数据后,使用if语句判断其是否为大写字母,然后根据判断结果决定是否对该字符进行处理,可以使用if的单分支结构或if-else双分支结构实现。
- 同一个字母,其大、小写字符的ASCII码值相差32。

部分参考代码如下。

```
#include <stdio.h>
void main()
{
    char ch;
    ________________
    if(ch>='A'&&ch<='Z')
        ch=ch+32;
```

```
    ________________________
        ______________
    printf("输出字符为:%c\n",ch);
}
```

(3) 输入一个实数,求其绝对值,并将该值和其绝对值输出。

部分参考代码如下。

```
#include <stdio.h>
void main()
{
    float x,y;
    ____________________
    if(x<0)
        y=-x;
    ____________
        ________
    printf("输入的数为:%.2f\n绝对值为:%.2f\n",x,y);
}
```

(4) 输入三个整数 a、b、c,排序后请按由小到大的顺序输出。

提示:

- 将三个数两两进行比较后再进行排序。
- 若 a>b,则 a 和 b 交换(a 存放 a、b 中的较小者)。
- 若 a>c,则 a 和 c 交换(a 存放三者中的最小者)。
- 若 b>c,则 b 和 c 交换(b 存放三者中的次小者)。

部分参考代码如下。

```
#include <stdio.h>
void main()
{
    int a,b,c,t;
    ________________________
    if(a>b)
    {
        t=a;
        a=b;
        b=t;
    }
    ____________
    {
        t=a;
        ____
```

```
        c=t;
    }
    if(b> c)
    {
        ________
        ________
        ________
    }
    printf("由小到大的顺序为:%d,%d,%d\n",a,b,c);
}
```

(5) 从键盘输入一个圆的半径,如果半径大于等于0,则计算其面积,并保留半径和面积小数点后两位输出,若小于0,则提示输入有误。

部分参考代码如下。

```
#include <stdio.h>
void main()
{
    float r,area;
    ________________
    ________________
    {
        area=3.14*r*r;
        ________________________
    }
    else
        printf("输入的数据不能小于 0! \n");
}
```

2. 提高部分

(1) 编写程序,当输入一个平面上的点的横坐标、纵坐标后,判断并输出该点落在哪个位置(横坐标、纵坐标,第一、二、三、四象限)。

提示:可以使用一个 if-else 的多分支结构实现,也可以使用 if 语句和 if-else 共同实现,其中 if 语句用来判定是否处于横坐标、纵坐标,然后使用 if-else 结构判断处于哪个象限。

(2) 编写程序,求输入 x 的值后,在屏幕上输出 y 的值,其中函数表达式如下。

$$y=\begin{cases} 0, & (x<0) \\ x, & (0\leqslant x\leqslant 10) \\ 10 & (10<x\leqslant 20) \\ -0.5x+20, & (x>20) \end{cases}$$

提示:可以使用 if-else 多分支结构或 if 语句的嵌套结构实现。注意逻辑表达式的正确书写方式,如 0<=x<=10 需写成 0<=x&&x<=10。

(3) 某公司的工资根据工作时间发放如下:时间在 4 小时以内(含 4 小时),工资为 50 元;时间为 4~8 小时(含 8 小时),在 4 小时 50 元的基础上,超出 4 小时的时间按每小时 20 元计算;时间超过 8 小时的,在前 8 小时工资的基础上超出时间按每小时 30 元计算。请根据以上关系,输入工作时间,输出应发的工资 wage。

实验 3　选择结构程序设计(2)

一、实验目的

(1) 掌握 if 语句嵌套的使用方法;

(2) 掌握 switch 语句的使用方法。

二、实验内容及步骤

1. 基础部分

(1) 运行并分析以下程序。

```
#include <stdio.h>
void main()
{
    int a,b,c,d,x;
    a=c=0;
    b=1;
    d=20;
    x=10;
    if(a)d=d-10;
    else if(!b)
        if(!c)x=15;
        else x=25;
    printf("d+x=%d\n",d+x);
}
```

提示:当程序中存在嵌套的 if 结构时,由后向前每一个 else 都与其前面的最靠近它的未配对的 if 语句配对。

(2) 某百货商场进行打折促销活动,消费金额(p)越高,折扣(d)越大,标准如下。

消费金额(p)	折扣(d)
$p<1000$	0%
$1000\leqslant p<2000$	5%
$2000\leqslant p<5000$	10%
$5000\leqslant p<10000$	15%
$p\geqslant 10000$	20%

从键盘输入消费金额,编程输出折扣率和实付金额。可以用 if 多分支结构、if 语句的嵌

套结构或 switch 语句实现。

参考程序如下。

```
#include <stdio.h>
void main()
{
    float m1,m2,discount;
    scanf("%f",&m1);
    if(m1<1000)
        discount=0;
    else if(m1<2000)
        discount=0.05;
    else if(m1<5000)
        discount=0.1;
    else if(m1<10000)
        discount=0.15;
    else
        discount=0.2;
    m2=m1*(1-discount);
    printf("折扣=%.2f,实付金额=%.2f\n",discount,m2);
}
```

(3) 某单位要增加工资,增加的金额取决于工龄(一般按照整年来计算)和当前工资两个因素:对于工龄大于等于 20 年的,如果现工资高于 2000 元,则加 400 元,否则加 280 元;对于工龄小于 20 年的,如果现工资高于 1500 元,则加 350 元,否则加 220 元。工龄和当前工资从键盘输入,编写程序,求调整后的工资并输出。

提示:

- 使用 if 嵌套语句实现。
- 先按工龄分成两种情况讨论,再考虑当前工资的情况。

部分参考代码如下。

```
#include <stdio.h>
void main()
{
    int year;
    float salary1,salary2;
    printf("请依次输入工龄和当前工资:\n");
    scanf("%d",&year);
    ______________________
    if(year>=20)
    {
        if(salary1>2000)
```

```
            salary2=salary1+400;
        else
            ________________________
    }
    else
    {
        ____________________
            ____________________
        ____________________
            ____________________
    }
    printf("调整后的工资为:%.2f\n",salary2);
}
```

(4) 有四种水果，名称和单价分别为橘子 2.2 元/斤、香蕉 2.8 元/斤、苹果 4.8 元/斤、榴梿 15.5 元/斤，其编号分别为 1、2、3、4。要求从键盘输入水果的编号、输出该水果的名称及单价，若输入不正确，则输出“无该编号的水果”的提示信息。

部分参考代码如下。

```
#include <stdio.h>
void main()
{
    float price;
    char num;
    printf("请输入对应水果的编号:\n");
    ____________
    switch(num)
    {
    case'1':
        printf("该水果为橘子,单价为 2.2 元/斤。\n");
        break;
    ____________
        ________________________________
        ____________
    case'3':
        printf("该水果为苹果,单价为 4.8 元/斤。\n");
        break;
    ____________
        ________________________________
        ____________
```

```
    default:
        ________________________________
    }
}
```

(5) 输入一个年份和月份后，计算并输出该年和该月分别有多少天。

提示：闰年的判断条件是，能被4整除但不能被100整除或者能被400整除的为闰年。

部分参考代码如下。

```
#include <stdio.h>
void main()
{
    int year,month,number;
    printf("请输入年份、月份:\n");
    ________________________________
    if(month==1||month==3||month==5||month==7||month==8||month==10||month==12)
    {
        number=31;
        printf("%d年%d月共有%d天。\n",year,month,number);
    }
    ________________________________
    {
        ____________________
        ________________________________
    }
    else if(month==2)
    {
        ____________________________________
            number=29;
        else
            ______________
    printf("%d年%d月共有%d天。\n",year,month,number);

    }
    else
        printf("月份输入错误!\n");
}
```

(6) 请输入1～7之间的一个整数，然后根据输入的数字判断是星期几，最后输出对应星期的全称。如输入3，则输出Wednesday。

部分参考程序如下。

```
#include <stdio.h>
```

```
void main()
{
    int m;
    printf("请输入一个 1～7 之间的整数:\n);
    ____________________
    switch(m)
    {
    case 1:
        printf("Monday.\n");
        break;
    case 2:
        printf("Tuesday.\n");
        break;
    ____________________
        ________________
        ____________
    case 4:
        printf("Thursday.\n");
        break;
    ____________________
        ________________
        ____________
    case 6:
        printf("Saturday.\n");
        break;
    case 7:
        printf("Sunday.\n");
        break;
    ____________________
        printf("输入有误!");
    }
}
```

2. 提高部分

(1) 编写程序实现如下功能:输入两个操作数(exp1,exp2)和一个运算符(op),计算表达式"exp1 op exp2"的值,其中 op 可以为+、-、*、/这 4 个符号中的任意一个。

提示:

- 定义一个字符变量用来存储用户输入的运算符 op。
- 使用 switch 语句,case 分支中判断 op 是+、-、*、/中的哪一个,并执行相应的算术运算。
- 当操作数 exp2 等于 0 时,不能执行除法运算。

(2) 当输入三个实数 a、b、c 的值后，编程求一元二次方程式 $ax^2+bx+c=0$ 的实根。

提示：

- 既然为一元二次方程，则输入的 a 值不能等于 0。
- 使用 if 多分支结构，分别判定：当 $b^2-4ac\geqslant 0$ 时其相应的根，当 $b^2-4ac<0$ 时提示无实根。

实验 4　循环结构(1)

一、实验目的

(1) 理解循环结构的设计思路；

(2) 熟练掌握 while 语句的语法及其格式；

(3) 熟练掌握 do-while 语句的语法及其格式；

(4) 熟练掌握 for 语句的语法及其格式。

二、实验内容及步骤

1. 基础部分

(1) 在屏幕上打印 5 行“Welcome to China!”的信息。

提示：

● 该功能是让打印“Welcome to China!”的操作反复执行 5 次，满足循环结构的设计思想，可以使用循环结构处理，尝试使用 while 语句实现。

● 需要定义一个 int 型变量 m 来统计打印的行数，初始值设为 0。

● 将需要反复执行的操作作为循环体放在循环体语句中，其中，打印操作、m 的增值操作需要作为循环语句。

● 循环继续执行的条件是打印的行数少于 5 行，即 m<5。

参考程序如下。

```
#include "stdio.h"
void main()
{
    int m=0;
    while(m<5)
    {
        printf("Welcome to China! \n");
        m++;
    }
}
```

(2) 将 1～100 之间的整数按照顺序在屏幕上输出，每个数据占 4 个字符的宽度，每行输出 15 个数据。

部分参考代码如下。

```
#include "stdio.h"
void main()
{
    int i,count=0;
    for(i=1;i<=100;i++)
    {
        ____________
        count++;
        if(count%15==0)
            _________
    }
    printf("\n");
}
```

(3) 求 1+3+5+7+⋯+199 的结果并输出。

部分参考代码如下。

```
#include "stdio.h"
void main()
{
    int i,sum=0;
    ________________
    {
        sum+=i;
    }
    ________________
}
```

(4) 求 1+1/2+1/3+⋯+1/10 的结果并输出。

部分参考代码如下。

```
#include "stdio.h"
void main()
{
    int i;
    ____________
    for(i=1;i<=10;i++)
    {
        _________
    }
    printf("1+1/2+1/3+…+1/10=%.4f\n",sum);
}
```

(5) 输出 500 以内能被 3 整除但不能被 7 整除的数。

部分参考代码如下。

```
#include "stdio.h"
void main()
{
    int i;
    for(i=1;i<500;i++)
    {
        ____________________
            printf("%4d",i);
    }
    printf("\n");
}
```

(6) 统计1000以内能够被13整除的数的个数。

部分参考代码如下。

```
#include "stdio.h"
void main()
{
    int i;
    ____________
    for(i=1;i<1000;i++)
    {
        __________
            ______
    }
    printf("1000以内能够被13整除的数有%d个。\n",count);
}
```

(7) 输入两个正整数m和n,求这两个数的最大公约数。

提示:

- 可以使用辗转相除法实现。先经过处理使m中存放较大数,n中存放较小数。
- 用较大数m除以较小数n并获得余数r,再将之前较小个数赋值给m,并将余数r赋值给n,如此反复,直到最后余数是0为止。最后,m变量存放的就是这两个数的最大公约数。

参考程序如下。

```
#include "stdio.h"
void main()
{
    int m,n,t,r;
    printf("请输入两个正整数:\n");
```

```
    scanf("%d,%d",&m,&n);
    if(m<n)
    {
        t=m;m=n;n=t;
    }
    while(n!=0)
    {
        r=m%n;
        m=n;
        n=r;
    }
    printf("最大公约数为:%d\n",m);
}
```

2. 提高部分

(1) 输入10个整型数据,求其数据和并输出。

提示:

● 题目只要求将10个数据的和输出,不要求输出这10个数,不需要定义10个变量存放每一个输入的值,只需要定义一个变量即可。

● 每输入一个数据后,将该值加到累加器上,然后完成下一次的输入和累加,使用循环结构让该操作反复执行10次即可。

(2) 输入一个正整数,求 $1-2/3+3/5-4/7+5/9+\cdots$ 的前n项的数据和并输出。

提示:先一个正数、然后一个负数这样交替,因此可以使用flag=-flag的方法来控制符号。

(3) 求以下表达式的值,直到加数的绝对值小于 10^{-6} 为止。

$s=1-x^2/2!+x^4/4!-x^6/6!+\cdots+(-1)^n*x^{2n}/(2*n)!$(其中:n=0,1,2,3,…)

提示:

● 本题使用while或do-while解决较方便。

● 每个加数项与上一个加数项有关联,如 $x^4/4!$ 可以分解为:$x^2/2!*x*x/(3*4)$,$-x^6/6!$ 可以分解为:$-x^4/4!*x*x/(5*6)$,依此类推,可以推理出累乘表达式为:t=-t*x*x/((2*n)*(2*n-1))。

实验 5　循环结构(2)

一、实验目的

(1) 理解循环嵌套的设计思路；

(2) 熟练掌握循环嵌套的使用方法；

(3) 熟练掌握 break 和 continue 语句的使用方法。

二、实验内容及步骤

1. 基础部分

(1) 编程打印如图 1-3 所示的图案。

```
* * * * * *
* * * * * *
* * * * * *
* * * * * *
```

图 1-3　输出图案 1

提示：

● 先打印一个 * 。

● 使用 for 循环将打印一个 * 的操作执行 6 次，6 次打印结束后，打印换行，即打印了一行 * 。

● 使用 for 循环让打印一行 * 的操作重复执行 4 次即可，即外层 for 循环控制输出的行数，内层 for 循环控制每行输出的 * 数。

参考程序如下。

```
#include "stdio.h"
void main()
{
    int i,j;
    for(i=0;i<4;i++)
    {
        for(j=0;j<6;j++)
        {
            printf("*");
        }
        printf("\n");
```

```
    }
}
```

(2) 编程打印如图 1-4 所示的图案。

```
      * * * * * *
     * * * * * *
    * * * * * *
   * * * * * *
```

图 1-4　输出图案 2

提示：

- 与图 1-3 的区别在于，在每行打印 * 之前，需要先打印一定数量的空格。
- 分析输出空格的规律，第 1 行 * 前的空格数为 3 个，第 2 行 * 前的空格数为 2 个，第 3 行 * 前的空格数为 1 个，第 4 行 * 前的空格数为 0 个，依此类推，第 i 行的空格数为 4－i 个。
- 使用 for 循环输出第 1 行 * 前的空格。
- 使用 for 循环输出第 1 行的 * 后，并输出换行。
- 外层使用 for 循环，使第三、四步操作反复执行 4 次。注意每一行输出空格时的循环控制变量与外层 for 循环的循环控制变量之间的对应关系。

部分参考代码如下。

```
#include "stdio.h"
void main()
{
    int i,k,j;
    ____________________
    {
        for(k=0;k<4-i;k++)
            ________________
        ________________
        {
            printf("*");
        }
        printf("\n");
    }
}
```

(3) 编程打印如图 1-5 所示的图案。

```
      *
     * *
    * * *
   * * * *
```

图 1-5　输出图案 3

部分参考代码如下。

```
#include "stdio.h"
void main()
{
    int i,k,j;
    ____________________
    {
        for (k=4;k>i;k--)
            printf(" ");
        ________________
        {
            printf("*");
        }
        ________________
    }
}
```

(4) 打印所有的“水仙花数”。所谓“水仙花数”，是指一个三位数，其各位数字的立方和等于该数本身。例如，153 是“水仙花数”，因为 $153=1^3+3^3+5^3$。

部分参考代码如下。

```
#include "stdio.h"
void main()
{
    int m,i,j,k;
    for(m=100;m<1000;m++)
    {
        ____________
        j=m%100/10;
        ____________
        ________________________
            printf("%4d",m);
    }
    printf("\n");
}
```

(5) 打印如图 1-6 所示的乘法口诀表。

参考代码如下。

```
#include "stdio.h"
void main()
{
```

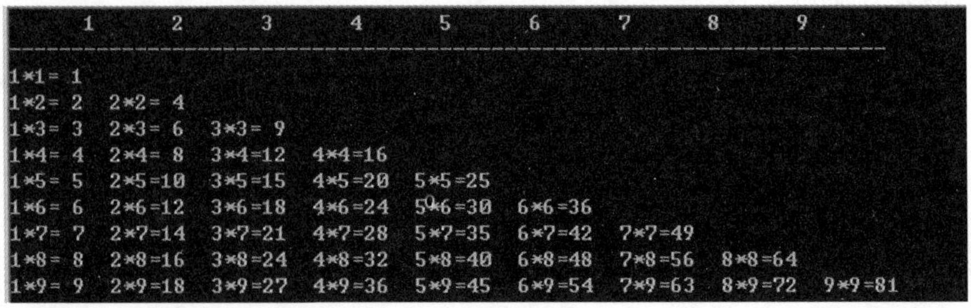

```
    1      2      3      4      5      6      7      8      9
------------------------------------------------------------------
1*1= 1
1*2= 2  2*2= 4
1*3= 3  2*3= 6  3*3= 9
1*4= 4  2*4= 8  3*4=12  4*4=16
1*5= 5  2*5=10  3*5=15  4*5=20  5*5=25
1*6= 6  2*6=12  3*6=18  4*6=24  5*6=30  6*6=36
1*7= 7  2*7=14  3*7=21  4*7=28  5*7=35  6*7=42  7*7=49
1*8= 8  2*8=16  3*8=24  4*8=32  5*8=40  6*8=48  7*8=56  8*8=64
1*9= 9  2*9=18  3*9=27  4*9=36  5*9=45  6*9=54  7*9=63  8*9=72  9*9=81
```

图 1-6　九九乘法口诀表

```
    int i,j;
    printf("    1      2      3      4      5      6      7       8      9\n");
    printf("*************************************************\n");
    ______________________
    {
        for(j=1;j<=i;j++)
            ______________________
        printf("\n");
    }
}
```

(6) 利用泰勒级数 $e=1+\frac{1}{1!}+\frac{1}{2!}+\frac{1}{3!}+\cdots+\frac{1}{n!}$计算 e 的近似值，当最后一项的值小于 10^{-5}时，认为达到了精度要求。

提示：

● 从整个表达式分析可知，该表达式属于求累加和的算法。需要使用循环结构将每个加数的值加到累加器 s 变量上去。

● 从加数的第二项分析可知，需要先求出每个数的阶乘后才能获取该加数的结果，因此在求每个加数时，需要先使用循环求得 n 的阶乘。

● 使用循环嵌套、内存循环求阶乘后再求出各个加数的值，通过外层循环求累加和。对于外层循环，根据提干要求，当加数小于 10^{-5}时终止执行，即阶乘的值大于 10^5 时为外层循环结束的条件，可以使用 break 语句强制退出循环。

参考程序如下。

```
#include "stdio.h"
void main()
{
    int i,n,t;
    double s=0,sum;
    for(i=1;;i++)
    {
        t=1;
```

```
        for(n=1;n<=i;n++)
            t*=n;
        if(t>1e+5)
            break;
        s+=1.0/t;
    }
    sum=1+s;
    printf("e=%.5f\n",sum);
}
```

2. 提高部分

(1) 输入一个大于 2 的整数,判定其是为素数还是合数,并输出。

(2) 编写一个程序,输出 1000～2000 之间的第一个素数。

(3) 编程打印如图 1-7 所示的图案。

```
   *
  * * *
 * * * * *
* * * * * * *
```

图 1-7　输出图案 4

(4) 编程打印如图 1-8 所示的图案。

```
   *
  * * *
 * * * * *
* * * * * * *
 * * * * *
  * * *
   *
```

图 1-8　输出图案 5

(5) 模拟办理银行业务时密码的输入功能,若密码输入正确,则提示"欢迎进入银行管理系统";若输入不正确,则提示再次输入,最多只能输入 3 次;若仍然不正确,则提示"密码重复输入错误,系统退出"(提示:密码可以定义为一个长整型,假定正确的密码为 12356)。

实验 6　数组(1)

一、实验目的

(1) 理解数组元素的存储机制；

(2) 熟练掌握数组的定义方法；

(3) 熟练掌握数组元素的引用；

(4) 熟练掌握数组的基本处理算法。

二、实验内容及步骤

1. 基础部分

(1) 从键盘输入 6 个整型元素，求出其最大值并输出结果。

提示：

● 根据数据类型和数据个数定义合适的数组，如 int a[6]。

● 使用 for 循环结合 scanf()函数为数组的每个元素赋值。

● 假定数组中的第一个元素(即 a[0])是最大的，将其赋值给 max 变量，然后将数组中剩下的每个元素与 max 值进行比较，若数组中的元素大于 max，则用该数组元素覆盖 max，直到所有数组元素比较完毕为止，max 的值即为所有元素的最大值。

● 输出最后结果。

参考程序如下。

```
#include "stdio.h"
void main()
{
    int a[6],max,i;
    for(i=0;i<6;i++)
        scanf("%d",&a[i]);
    max=a[0];
    for(i=1;i<6;i++)
        if(a[i]>max)
           max=a[i];
    for(i=0;i<6;i++)
        printf("%d",a[i]);
    printf("\nmax=%d\n",max);
}
```

(2) 输入 8 个实型数据,排序后按照由小到大的顺序输出。

部分参考代码如下。

```
#include "stdio.h"
void main()
{
    float a[8],t;
    int i,j;
    for(i=0;i<8;i++)
        ____________________
    printf("排序前数组为:");
    ____________________
        printf("%.1f",a[i]);
    for(i=1;i<8;i++)
            ____________________
                if(a[j]>a[j+1])
        {
                ____________________

                ____________________

                ____________________
        }
        printf("\n排序后数组为:");
    for(i=0;i<8;i++)
        printf("%.1f",a[i]);
    printf("\n");
}
```

(3) 编写程序,计算 3×3 矩阵中主对角线上元素的和。

提示:

- C 语言中,矩阵一般用二维数组存储,3×3 矩阵可以定义一个三行三列的二维数组来存储。
- 所谓主对角线上的元素,即二维数组中行号与列号相等位置上的那些元素,如 a[0][0]、a[1][1]等。

部分参考代码如下。

```
#include "stdio.h"
void main()
{
    int a[3][3],i,j,sum=0;
    ________________________
```

```
        for(j=0;j<3;j++)
            ______________
    printf("该数组为:\n");
    for(i=0;i<3;i++)
    {
        ______________
            printf("%3d",a[i][j]);
        printf("\n");
    }
for(i=0;i<3;i++)
        ______________
    printf("主对角线上元素之和=%d\n",sum);
}
```

(4) 从键盘输入数据为一个 4＊3 整型数组赋值,找出其中的最小值,并将该值和其所在的行号与列号输出。

部分参考代码如下。

```
#include "stdio.h"
void main()
{
    int a[3][4],i,j;
    int min,row,colum;
    for(i=0;i<3;i++)
            ______________
              scanf("%d",&a[i][j]);
    printf("该数组为:\n");
    for(i=0;i<3;i++)
    {
        for(j=0;j<4;j++)
            printf("%3d",a[i][j]);
        printf("\n");
    }
    min=a[0][0];
    row=colum=0;
    for(i=0;i<3;i++)
        for(j=0;j<4;j++)
            ______________
            {
                ______________
                row=i;
                ______________
```

```
        }
    printf("最小值为:%d,在第%d行,%d列。\n",min,row+1,colum+1);
}
```

(5) 从键盘输入长度为 8 的整型数组的值，然后将其按逆序存放，并输出逆序前和逆序后的数组。

提示：

- 定义长度为 8 的整型数组 a，从键盘输入并赋值，再输出数组元素。
- 所谓逆序存放，即第 1 个元素(a[0])和倒数第 1 个元素(a[7])、第 2 个元素(a[1])和倒数第 2 个元素(a[6])、第 3 个元素(a[2])和倒数第 3 个元素(a[5])、……、第 i 个元素(a[i])和倒数第 7－i 个元素(a[7-i])交换(注意 i 的起止范围)。
- 输出交换后的数组元素。

部分参考代码如下。

```
#include "stdio.h"
# define N 8
void main()
{
    int a[N],i,t;
    for(i=0;i<N;i++)
        ____________
    printf("该数组初始序列为:\n");
    for(i=0;i<N;i++)
        printf("%3d",a[i]);
    for(i=0;i<N/2;i++)
    {
        t=a[i];
        ______________
        a[N-1-i]=t;
    }
    printf("\n逆序后的序列为:\n");
    for(i=0;i<N;i++)
        printf("%3d",a[i]);
    printf("\n");
}
```

(6) 输入一个十进制的正整数，取出该数中的所有偶数数字，再用这些数字形成一个最大的数。

提示：

- 先使用循环提取出该数中所有的偶数数字，并存放在数组中。
- 对数组按照由大到小的顺序排序。

● 将数组中的数据按照顺序组合形成一个新的数。

部分参考代码如下。

```
#include "stdio.h"
void main()
{
    long m,n=0;
    int a[8],t,i,j;
    int k=0;
    printf("请输入一个正整数:\n");
    scanf("%ld",&m);
    while(m>0)
    {
        ____________
        if(t%2==0)
            a[k++]=t;
        ____________
    }
    for(i=1;i<k;i++)
        for(j=0;j<k-i;j++)
            if(a[j]<a[j+1])
            {
                t=a[j];
                a[j]=a[j+1];
                a[j+1]=t;
            }
    for(i=0;i<k;i++)
        ____________
    printf("形成的最大数为:%ld\n",n);
}
```

2. 提高部分

(1) 打印出如图 1-9 所示的下三角的杨辉三角数列。

提示:

● 输出该数列,需先定义合适的结构存放这些元素,根据图 1-9,可以定义 10 行 10 列的整型数组,且只需要使用主对角线以下的元素。

● 将该数组中的第 0 列以及对角线上的元素赋值为 1。

● 为其他剩下的元素赋值。

(2) 输入一个 3×3 的矩阵,将其转置后输出。

提示:转置是指二维数组中行元素和列元素交换位置,即沿主对角线对称位置上的元素两两进行交换,a[i][j]和 a[j][i]位置上的元素相互交换。

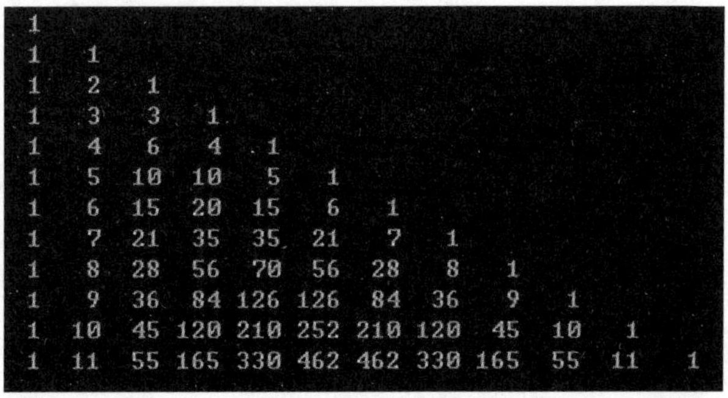

```
1
1   1
1   2   1
1   3   3   1
1   4   6   4   1
1   5  10  10   5   1
1   6  15  20  15   6   1
1   7  21  35  35  21   7   1
1   8  28  56  70  56  28   8   1
1   9  36  84 126 126  84  36   9   1
1  10  45 120 210 252 210 120  45  10   1
1  11  55 165 330 462 462 330 165  55  11   1
```

图 1-9　下三角的杨辉三角数列

(3) 编写一个程序,把一个数插入一个有序的10个元素的数组中,并使插入后的数组仍为有序数组。

实验7　数组(2)

一、实验目的

(1) 理解字符数组的存储机制；

(2) 熟练掌握字符数组常用的处理方法；

(3) 熟练掌握数组的基本应用。

二、实验内容及步骤

1. 基础部分

(1) 输入一行字符(长度不超过100)，将其中所有大写字母替换为对应的小写字母，并输出替换前后的字符串。

提示：

● 字符串的输入一般可以使用scanf结合%s的格式控制实现，也可以使用gets完成。字符串的输出可以使用printf结合%s的格式控制实现，也可以使用puts完成。

● 使用循环逐个判断字符串中的字符是否为大写字母，若是，则替换为对应的小写字母。注意循环执行的条件为字符的值!='\0'，而不是循环变量<100。

参考程序如下。

```
#include "stdio.h"
void main()
{
    char string[100];
    int i;
    gets(string);
    printf("转换前为:");
    puts(string);
    for(i=0;string[i]!='\0';i++)
        if(string[i]>='A'&&string[i]<='Z')
            string[i]=string[i]+32;
    printf("转换后为:");
    puts(string);
}
```

(2) 编写程序实现strcpy()函数的功能(不调用strcpy()函数)。

部分参考代码如下。

```
#include "stdio.h"
void main()
{
    char str1[100],str2[100];
    int i;
    gets(str1);
    ____________________
        str2[i]=str1[i];
    ________________
    printf("str1=%s\n",str1);
    printf("str2=%s\n",str2);
}
```

(3) 统计一个字符串中某个字符出现的次数，该字符串与单个字符均由用户输入，如字符串输入为：I am a handsome boy！单个字符输入为 a，则最后结果为 3。

(4) 编写程序实现判断两个字符串是否相等（不调用 strcmp()函数）。

提示：

● 若两个字符串的长度不相等，则两个字符串一定不相等。

● 若两个字符串的长度相等，则进一步判断：逐个检索并比较两个字符串相同位置上的字符是否相等，若某个位置上的字符不相等，则两个字符串一定不相等，并结束检索；若相等，则继续判断下一个字符，直到检索到两个字符串都结束，可判定两个字符串相等。

参考程序如下。

```
#include "stdio.h"
#include "string.h"
void main()
{
    char str1[100],str2[100];
    int i;
    printf("分别输入两个待比较的字符串\n");
    gets(str1);
    gets(str2);
    if(strlen(str1)!=strlen(str2))
        printf("两个字符串不相等\n");
    else
    {
        for(i=0;str1[i]!='\0'&&str2[i]!='\0';i++)
            if(str1[i]!=str2[i])
            {
                printf("两个字符串不相等\n");
                break;
```

```
            }
            if(str1[i]=='\0')
                printf("两个字符串相等\n");
        }
}
```

(5) 输入6个字符串,排序后按照由小到大的顺序将其输出。

提示:

- 定义一个6行100列的二维字符数组来存放这10个字符串。
- 将每一行的若干个字符理解成一个字符串。
- 使用冒泡或选择法对6个字符串进行排序。

部分参考代码如下。

```
#include "stdio.h"
#include "string.h"
#define N 100
void main()
{
    char str[6][N],s[N];
    int i,j;
    for(i=0;i<6;i++)

        ____________________
    printf("排序前的字符序列为:\n");

    ____________________
        puts(str[i]);
    for(i=1;i<6;i++)
        for(j=0;j<6-i;j++)

            ________________________________
            {
                strcpy(s,str[j]);

                ____________________________
                strcpy(str[j+1],s);
            }
    printf("排序后的字符序列为:\n");
    for(i=0;i<6;i++)
        puts(str[i]);
}
```

2. 提高部分

(1) 从键盘输入5个学生的姓名,对其排序后,按照由大到小的顺序输出。

(2) 输入一个正整数 n(1～6)和 n 阶方阵 t 中的所有元素，若找到方阵 t 的鞍点（鞍点的元素在该行上最大，在该列中最小），就输出它的下标，否则输出“无鞍点”（假设该方阵中只有一个鞍点）。

(3) 统计一个源字符串中某个子字符串的个数，该字符串与子字符串均由用户输入，如源字符串输入为：I ate an apple and an orange！ 子字符串输入为 an，则最后结果为 4。

实验 8　函数(1)

一、实验目的

(1) 掌握函数的定义及其方法；

(2) 掌握函数的声明与调用方法；

(3) 掌握函数实参与形参的对应关系及“值传递”的方式。

二、实验内容及步骤

(本章习题建议全部使用函数处理。)

1. 基础部分

(1) 请完成以下程序，并自定义函数 printstar()，重复打印给定的字符串“ * * * * * * * * * * ”5 次。

提示：函数 printstar()能完成输出功能，是一个 void 函数，有两个参数。

部分参考代码如下。

```
#include <stdio.h>
void printstar( )
{
____________________________
}
void main()
{
    int i=1;
    while(i<=5)
    {
    ______________
i++;
    }
}
```

(2) 编写一个函数 print(char c,int n)，重复 n 次打印给定的字符 c。在主函数中调用 print()函数，如 print('$',2)、print('$',5)的结果分别如下：

$ $

$ $ $ $ $

提示：函数 void print(char c,int n)能完成输出功能，有两个参数，分别表示需要打印的字符和打印的次数 n,使用 for 循环进行控制。

部分参考代码如下。

```
#include <stdio.h>
________________________
{
    int i;
    for(i=1;i<=n;i++)
        {
            printf("%c",c);
        }
    printf("\n");
}
void main()
{
    print('$',10);
}
```

(3) 定义两个函数分别用于计算圆周长、圆面积,要求在 main()函数中输入半径,调用不同的函数完成计算并在 main()函数中输出结果。

部分参考代码如下。

```
#include "stdio.h"
float area(float r)
{
____________________
}
________________________
{
    return 2*3.14*r;
}
void main()
{
    float r;
    float s,len;
    scanf("%f",&r);
    ____________________
    ________________________
    printf("半径为%.2f 的圆,周长=%.2f,面积=%.2f\n",r,len,s);
}
```

(4) 判断 m 是否为素数,若是,则返回 1,否则返回 0。程序共有 4 处错误,请找出其错误并改正。

```
#include <stdio.h>
/********** FOUND1 **********/
int fun(int n)
{
    int i,k=1;
    if(m<=1)
        k=0;
    /********** FOUND2 **********/
    for(i=1;i<m;i++)
        /********* FOUND3 **********/
        if(m%i=0)k=0;
        /********** FOUND4 **********/
        return m;
}
void main()
{
    int m,k=0;
    for(m=1;m<100;m++)
        if(fun(m)==1)
        {
            printf("%d",m);
            k++;
            if(k%5==0)
                printf("\n");
        }
}
```

(5) 计算并输出500以内最大的10个能被13或17整除的自然数之和。以下程序中有4处空白,请填写并运行程序。

```
#include <stdio.h>
int fun(int k)
{
    int m=0,mc;
    ____________________
    while(k>=2&&mc<10)
    {
        ____________________
        {
            m=m+k;
            mc++;
```

```
        }
        k--;
    }
    return m;
}
void main()
{
    ____________________
}
```

(6) 下面程序的功能是计算 sum＝1＋(1＋1/2)＋(1＋1/2＋1/3)＋…＋(1＋1/2＋…＋1/n)的值。例如，当 n＝3 时，sum＝4.3333333。请完成下面的程序。

```
#include <stdio.h>
double f(int n)
{
    int i;
    double s;
    s=0;
    for(i=1;i<=n;i++)
        ____________
    ______________
}
void main()
{
    int i,m=3;
    double sum=0;
    for(i=1;i<=m;i++)
        ____________
    __________________
}
```

2. 提高部分

(1) 编写一个函数 fun()，它的功能是找出一个大于给定整数且紧随这个整数的素数，并作为函数值返回。

提示：

● fun()函数的头部为 int fun(int n)，其中 n 为从主调函数传递过来的该给定的整数，返回值为找到的那个素数。

● fun()函数的实现，从 n＋1 开始判定后面的每一个数是否为素数，若不是，接着判断下一个数。若是，则返回该值，且结束子函数的执行。

（2）编写一个函数 fun()，其功能：求出 π 的近似值，直到最后一项的绝对值小于 10^{-5} 为止。其中：$\frac{\pi}{6} \approx \frac{1}{1^2}+\frac{1}{2^2}+\frac{1}{3^2}+\cdots+\frac{1}{n^2}$

（3）编写程序验证哥德巴赫猜想：任何充分大的偶数都可以由两个素数之和表示，如 4＝2＋2，8＝3＋5，…，请验证 4～100 之间的数，要求判断素数用子函数实现。

实验 9　函数(2)

一、实验目的

(1) 掌握函数的递归调用；

(2) 掌握数组名作为函数参数的用法。

二、实验内容及步骤

(本章习题建议全部用函数处理。)

1. 基础部分

(1) 程序改错：有 5 个人坐在一起，问第 5 个人多少岁，他说比第 4 个人大 2 岁，问第 4 个人多少岁，他说比第 3 个人大 2 岁，问第 3 个人多少岁，又说比第 2 个人大 2 岁，问第 2 个人多少岁，他说比第 1 个人大 2 岁，最后问第 1 个人多少岁，他说是 10 岁。请问第 5 个人的年龄是多少？请改正程序中的 3 处错误。

```
#include <stdio.h>
intage(int n)
{
    int c;
    /********** FOUND1 **********/
    if(n=1)
        c=10;
    else
        /********** FOUND2 **********/
        c=age(n)+2;
    return(c);
}
void main()
{
    /********** FOUND3 **********/
    printf("%d\n",age5);
}
```

(2)程序改错：利用递归函数调用方式，将所输入的 5 个字符以相反的顺序打印出来。请改正下面程序中的 3 处错误。

```
#include <stdio.h>
void main()
```

```
{
    int i=5;
    void palin(int n);
    printf("\40:");
    palin(i);
    printf("\n");
}
void palin(int n)
{
    /********** FOUND1 **********/
    int next;
    if(n<=1)
    {
        /********** FOUND2 **********/
        next!=getchar();
        printf("\t:");
        putchar(next);
    }
    else
    {
        next=getchar();
        /********** FOUND3 **********/
        palin(n);
        putchar(next);
    }
}
```

(3) 以下程序的功能是统计一个字符串中的字母、数字、空格和其他字符的个数,请填空。

```
#include <stdio.h>
void fun(char s[],int b[])
{
    inti;
    for(i=0;s[i]!='\0';i++)
        if('a'<=s[i]&&s[i]<='z'||'A'<=s[i]&&s[i]<='Z')
            b[0]++;
        ______________________
            b[1]++;
        ______________________
            b[2]++;
        else
            b[3]++;
```

```
}
void main()
{
    char s1[80];
    int a[4]={0};
    int k;
    ___________
    gets(s1);
    ___________
    puts(s1);
    for(k=0;k<4;k++)
        printf("%4d",a[k]);
}
```

(4) 用递归法将一个整数 n 转换成字符串，例如，输入 483，应输出对应的字符串“483”。n 的位数不确定，可以是任意位数的整数。

部分参考代码如下。

```
#include <stdio.h>
void convert(int n)
{
    int i;
    if((i=n/10)!=0)
        ___________
    putchar(n%10+'0');
}
void main()
{
    int number;
    printf("\ninput an integer:");
    scanf("%d",&number);
    printf("Output:");
    if(number<0)
    {
        putchar('-');
        number=-number;
    }
    _______________
    printf("\n");
}
```

(5) 编写程序，使用递归求 x^n(n 为整数)的结果，其中 x 和 n 的值在主函数中输入。

部分参考代码如下。

```
#include "stdio.h"
float exp(float x,int n)
{
    float m;
    if(n>0)
        m=x*exp(x,n-1);
    else if(n==0)
        __________
    else
        __________
    return m;
}
void main()
{
    float x,result;
    int n;
    printf("请输入 x 及 n 的值:\n");
    scanf("%f,%d",&x,&n);
    ________________________
    printf("%.4f\n",result);
}
```

(6) 使用递归函数,编程输出如图 1-10 所示的杨辉三角。

```
                    1
                  1   1
                1   2   1
              1   3   3   1
            1   4   6   4   1
          1   5  10  10   5   1
        1   6  15  20  15   6   1
      1   7  21  35  35  21   7   1
    1   8  28  56  70  56  28   8   1
  1   9  36  84 126 126  84  36   9   1
1  10  45 120 210 252 210 120  45  10   1
```

图 1-10　杨辉三角样式

部分参考代码如下。

```
#include "stdio.h"
int yanghui(int x,int y)
{
    int t;
    ________________
```

```
        t=1;
    else
    ________________________
    return t;
}
void main()
{
    int i,j,k;
    for(i=0;i<=10;i++)
    {
        for(j=0;j<20-2*i;j++)
            printf(" ");
        ________________
            printf("%4d",yanghui(i,k));
        printf("\n");
    }
}
```

2. 提高部分

(1) 编写一个函数 fun(),其功能:求 k 的阶乘(k<13),所求阶乘的值作为函数值返回,且需要使用递归来实现。

(2) 编写一个函数 fun(),其功能:使输入的一个字符串按反序,在主函数中输入字符串和输出反序后的字符串。

提示:fun()函数的首部可以为 void fun(char str[])。

(3) 在主函数中输入 8 个整数,定义一个子函数求这些数的总和,并在主函数中将结果输出。

实验10　指针(1)

一、实验目的

(1) 理解指针的意义,熟练掌握指针的定义及其用法;

(2) 熟练掌握指针变量作为函数参数的用法;

(3) 熟练掌握使用指针对字符串进行处理的方法。

二、实验内容及步骤

(本节习题建议全部使用指针处理。)

1. 基础部分

(1) 运行并分析以下程序。

```
#include "stdio.h"
#include "string.h"
void main()
{
    int a,*p1;
    float x,*p2;
    char ch,*p3;
    char str[20],*p4;
    a=100;p1=&a;
    x=1.5;p2=&x;
    ch='a';p3=&ch;
    strcpy(str,"www.wtbu.edu.cn");
    p4=str;
    printf("\ta=%d,*p1=%d\n",a,*p1);
    printf("\tx=%.2f,*p2=%.2f\n",x,*p2);
    printf("\tch=%c,*p3=%c\n",ch,*p3);
    printf("\tstr=%s\n\t p4=%s\n",str,p4);
}
```

(2) 定义一个子函数,对两个整型数据进行交换,在主函数中输入三个整数,调用定义的子函数,然后按照由小到大的顺序输出。

提示:

● 在主函数中,定义三个整型变量a1、a2、a3。

● 分别判断a1与a2、a1与a3、a2与a3的大小,如果前者大于后者,则调用子函数对两个数据进行交换。

● 定义子函数，参数为两个整型指针变量，在函数中对两个参数所指向的变量进行交换。

参考程序如下。

```
#include "stdio.h"
void swap(int*p1,int*p2)
{
    int temp;
    temp=*p1;
____________
*p2=temp;
}
void main()
{
    int a1,a2,a3;
    printf("请输入三个整型数据:\n");
    scanf("%d,%d,%d",&a1,&a2,&a3);
    printf("排序之前的数据序列为:%d,%d,%d\n",a1,a2,a3);
    if(a1>a2)
        swap(&a1,&a2);              //将 a1、a2 变量的地址作为实参
    if(a1>a3)
        ________________
    ____________
        swap(&a2,&a3);
    printf("排序之后的数据序列为:%d,%d,%d\n",a1,a2,a3);
}
```

(3) 编写一个函数，实现将一个已有字符串的内容复制到一个新的字符串中(不使用strcpy()函数)。

部分参考代码如下。

```
#include "stdio.h"
void copy(char *p1,char *p2)
{
    while(*p2)
    {
        ____________
    p2++;
        ______________
    }
    ____________
```

```
}
void main()
{
    char str1[30]="I love China!";
    char str2[30];
    puts(str1);
    ____________
    puts(str2);
}
```

(4) 输入三个字符串，对其排序后，按照由小到大的顺序将其输出。

部分参考代码如下。

```
#include "stdio.h"
____________________
void change(char *p1,char *p2)
{
    char p[30];
    strcpy(p,p1);
    ________________
    strcpy(p2,p);
}
void main()
{
    char s1[30]="Chinese";
    char s2[30]="American";
    char s3[30]="English";
    if(strcmp(s1,s2)>0)
        ________________
    if(strcmp(s1,s3)>0)
        change(s1,s3);
    ________________
        change(s2,s3);
    printf("由小到大的顺序为:\n");
    puts(s1);
    puts(s2);
    puts(s3);
}
```

(5) 编制一个字符替换函数，实现将已知字符串 str 中所有 ch1 字符都用 ch2 字符替换，函数原型为：

```
void replace (char *str,char ch1,char ch2)
```

部分参考程序如下。

```
#include "stdio.h"
void replace (char *str,char ch1,char ch2)
{
    while(*str)
    {
        ___________
            *str=ch2;
        ___________
    }
}
void main()
{
    char str[100]="abcdefg12345abcdefgabbab";
    puts(str);
    replace(str,'a','A');
    puts(str);
}
```

(6) 不调用 strcmp()函数，自己编写一个子函数，比较两个字符串是否相等，函数原型为：

```
int Compare (char *str1, char *str2)
```

提示：

- 使用循环逐个比较两个字符串对应位置上的字符。
- 若两个字符串中有一个或同时检索到'\0'，或者两个字符串中对应位置上的字符不相等，则结束循环；否则，两个字符指针同时后移一个位置后继续比较。
- 返回两个字符串相同位置上两个字符的差值。

部分参考代码如下。

```
#include "stdio.h"
int Compare (char *str1, char *str2);
void main()
{
    char str1[50],str2[50];
    int flag;
    printf("please input the str1:\n");
    gets(str1);
    printf("please input the str2:\n");
    gets(str2);
    ___________________
```

```
    if(flag>0)
    printf("两个字符串中较大的是:%s\n",str1);
    else if(flag==0)
        printf("%s 与%s 相等\n",str1,str2);
    else
        printf("两个字符串中较大的是:%s\n",str2);
}
int Compare(char *s1,char *s2)
{
    for(;*s1&&*s2&&*s1==*s2;s1++,s2++)
        ;
    return *s1-*s2;
}
```

2. 提高部分

(1) 编写一个子函数,从一个字符串中将第 m 个位置后的内容全部复制后形成另一个字符串,函数原型为:

```
void copy(char *str1,char *str2,int m)
```

(2) 编写一个函数,删除一个字符串中某个指定的字符,若有该字符并成功删除,则函数返回 1,若无该字符,则返回 0,函数原型为:

```
int delStr(char *str,charch)
```

(3) 编写函数 void insert(char *s1,char *s2,int pos),实现在字符串 s1 中的指定位置 pos 处插入字符串 s2。如:

原 s1:

```
s1:Happy Year
s2:New
pos:7
```

新的 s1:

```
s1:Happy New Year
```

实验11　指针(2)

一、实验目的

(1) 熟练掌握使用指针处理一维数组；

(2) 熟练掌握行指针的使用；

(3) 熟练掌握指针数组的使用；

(4) 掌握函数指针的使用。

二、实验内容及步骤

(本节习题建议全部使用指针处理。)

1. 基础部分

(1) 在主函数中输入8个实型元素，定义一个子函数求其平均值，并将结果在主函数中输出。

提示：

- 在主函数中输入数组元素，调用一个子函数求平均值，并将结果输出。
- 定义子函数求平均值，参数为实型指针，函数类型为 float 型时用以返回平均值。
- 子函数通过参数传递，参数指针将指向数组的首地址，定义同类型的一个指针，并使之指向数组的第一个元素，再将所指向的数组元素累加到累加器中后，将指针后移指向下一个元素，直到循环执行8次后结束。
- 根据求得的累加和求出平均值并将其返回。

部分参考程序如下。

```
#include "stdio.h"
float Aver(float *q);
void main()
{
    float a[8],m;
    int i;
    for(i=0;i<8;i++)
        scanf("%f",&a[i]);
    m=Aver(a);
    for(i=0;i<8;i++)
        printf("%.2f ",a[i]);
    printf("\n平均值=%.2f\n",m);
```

```
}
float Aver(float *q)
{
    int i;
    float sum=0,n;
    float * p;
    for(p=q;p<q+8;p++)
        ________
    n=sum/8;
    ________
}
```

(2) 运行并分析以下程序。

```
#include "stdio.h"
char *func(void)
{
    static char a[100]="Welcome to Wuhan Technology And Business University!";
    return a;
}
void main(void)
{
    char *p;
    p=func();
    puts(p);
}
```

(3) 计算 e^x、$(1+x^2)*x$、x^6 在(a,b)范围内的积分的值，其中 a、b 由用户输入。

提示：

- 三个带求积分的函数均为包含一个 float 型参数，且结果均为 float 类型。因此可以定义一个返回值为 float 类型，且有一个 float 类型参数的函数指针，让其指向这些函数。
- 分别定义三个函数，用来求 e^x、$(1+x^2)*x$、x^6。
- 定义一个求积分的函数 result()，其参数包括：float 类型的函数指针，用来指向不同的函数；float 类型的 a、b 分别表示所求积分的边界；函数实现中，根据积分的几何意义求得积分的值。
- 在主函数中输入待求积分的边界值，并定义一个函数指针 p，让它在不同的时刻指向三个函数中的某一个，调用 result()函数，将 p 作为实参，即可得到 p 当前所指向的那个函数的积分的值，并将结果输出。

参考程序如下。

```
#include "stdio.h"
#include "math.h"
```

```
float f1(float x)
{
    return exp(x);
}
float f2(float x)
{
    ________________
}
float f3(float x)
{
    return pow(x,6);
}
float result(float (*p)(float),float a,float b)
{
    float x=0.001,y=0;
    int i,n=(b-a)/x;
    for(i=0;i<=n;i++)
    {
        y+=x*p(a+i*x);
    }
    return y;
}
void main()
{
    float a,b;
    float m1,m2,m3;
    printf("请输入 a、b 边界值:");
    scanf("%f,%f",&a,&b);
    float (*p)(float);
    p=f1;
    m1=result(p,a,b);
    ________________
    ________________
    p=f3;
    m3=result(p,a,b);
    printf("积分的值分别为%.3f,%3.f,%3.f\n",m1,m2,m3);
}
```

2. 提高部分

(1) 在主函数中输入 8 个整型元素，定义一个子函数求其最小值，并将结果在主函数中输出。

(2) 输入 3 个同学 4 门课程的成绩,以课程为单位输出每门课程每个同学的成绩,以及最高分、最低分和平均分。

(3) 编写函数 replace(),将字符串中的字符 t(T)都替换为 e(E),返回替换字符的个数,并在主函数中调用该函数。

(4) 输入 1~12 范围内的整数值,输出该值所对应月份的英文单词。

实验12　结构体、共用体、枚举与文件

一、实验目的

(1) 熟练掌握结构体类型的定义、变量的定义及结构体数组的使用；
(2) 掌握共用体、枚举的应用；
(3) 理解文件的概念；
(4) 熟练掌握不同意义的数据的读取、写入方法。

二、实验内容及步骤

1. 基础部分

(1) 定义结构体用来描述平面上一个点的坐标位置，在主函数中定义两个点，并输入两个点的坐标，求出这两个点的距离。

提示：

● 平面上一个点的位置需要用两个 float 类型的数据分别表示其横、纵坐标，因此，该结构体包含两个成员。

● 在主函数中定义两个结构体变量，根据用户的输入分别设置这两个结构体变量的横、纵坐标值，然后根据两个点的横、纵坐标值求出这两个点的距离，并将结果输出。

参考程序如下。

```
#include "stdio.h"
#include "math.h"
struct point
{
float x,y;
};
void main(void)
{
    point p1, p2;
    float distance;
    printf("请输入第一个点的 x、y 坐标: ");
    scanf("%f,%f",&p1.x,&p1.y);
    printf("请输入第二个点的 x、y 坐标:");
    ______________________________
distance=sqrt((p1.x-p2.x)*(p1.x-p2.x)+(p1.y-p2.y)*(p1.y-p2.y));
    printf("两个点的距离为:%.3f\n",distance);
```

```
}
```

(2) 定义一个描述学生信息的结构体,其包含学号、姓名、语文和数学两门课的成绩,现输入 4 个学生的信息,并按总成绩升序对学生信息进行排序,输出排序后的学生信息。

参考程序如下。

```
#include "stdio.h"
struct student{
    char id[10];
    char name[20];
    float chinese,math,sum;
};
void main()
{
    struct student s[4],t;
    int i,j;
    for(i=0;i<4;i++)
    {
        printf("请依次输入第%d个学生的学号、姓名、语文和数学两门课的成绩\n",i+1);
        scanf("%s",s[i].id);
        ________________________
        scanf("%f,%f",&s[i].chinese,&s[i].math );
        ________________________
    }
    for(i=1;i<4;i++)
         for(j=0;j<4-i;j++)
             if(s[j].sum>s[j+1].sum)
             {
                 t=s[j];
                 _______________
                 s[j+1]=t;
             }
    printf("按照总分由高到低排序的信息为:\n");
    printf("  学号   姓名   语文   数学   总分\n");
    for(i=0;i<4;i++)printf("%10s  %10s  %.2f  %.2f  %.2f\n",s[i].id,s[i].
    name,s[i].chinese,s[i].math,s[i].sum);
}
```

(3) 有两个磁盘文件,各存放一行字符,要求把两个文件中的信息进行合并(按照字母顺序排列),并将合并后的信息保存到一个新的文件中去。如果两个磁盘文件中的内容分别为 LOVE 和 YOU,则合并后新文件中的内容为 ELOOUVY。

提示:

● 定义三个字符数组，前两个字符数组分别存放从第一个文件、第二个文件读取的字符串，第三个字符数组用来存放合并后的字符串。

● 可以通过 fscanf()函数结合%s 的格式控制分别将两个文件中的信息读取到两个字符数组中去，然后将两个字符串连接后赋值给第三个字符数组。

● 对第三个字符串中的字符进行排序后，可以使用 fprintf()函数结合%s 的格式控制将字符串的信息写到磁盘文件中去。

● 打开文件时，读文件和写文件的打开方式分别是“rb”和“wb”。

参考程序如下。

```
#include "stdio.h"
#include "string.h"
#include "stdlib.h"
void main()
{
    char s1[100],s2[100],s3[200];
    int i,j,n;
    char t;
    FILE *p;
    if(________________________)
    {
        printf("t1.txt 打开失败\n");
        exit(1);
    }
    fscanf(p,"%s",s1);
    if((p=fopen("t2.txt","rb"))==NULL)
    {
        printf("t1.txt 打开失败\n");
        exit(1);
    }
    fscanf(p,"%s",s2);
    strcpy(s3,s1);
    _______________
    n=strlen(s3);
    for(i=1;i<n;i++)
        for(j=0;j<n-i;j++)
                if(______________)
        {
            t=s3[j];s3[j]=s3[j+1];s3[j+1]=t;
        }
    printf("连接后的串为:%s\n",s3);
    if((p=fopen("t3.txt","wb"))==NULL)
```

```
    {
        printf("t1.txt 打开失败\n");
        exit(1);
    }
    fputs(s3,p);
}
```

2. 提高部分

(1) 根据用户输入的 1～7 范围内的某个整数，输出其对应星期的英文单词。

(2) 从键盘输入自己的姓名和学号，并用一个名为“name. txt”的磁盘文件保存起来。

(3) 有 5 个学生，每个学生有三门课的成绩，从键盘输入数据(包括学生学号、姓名、三门课的成绩)，计算出平均成绩后，将所有数据存放在磁盘文件 student. txt 中。

(4) 有两个磁盘文件 class1. txt 和 class2. txt，分别保存着 1 班和 2 班同学的信息(包括姓名、学号、家庭住址)，请将他们的信息合并后保存到一个新的文件 class3. txt 中(提示：class1. txt 和 class2. txt 两个文件的信息可以直接在 windows 下创建 txt 文件后输入保存即可)。

如文件 1 中同学的信息如下：

```
Lily    20170201  湖北省武汉市武昌区
Tom     20170202  湖北省武汉市洪山区
Jack    20170203  湖北省黄石市
```

文件 2 中同学的信息如下：

```
Lucy    20170201  湖北省宜昌市
```

文件 3 中的信息如下：

```
Lily    20170201  湖北省武汉市武昌区
Tom     20170202  湖北省武汉市洪山区
Jack    20170203  湖北省黄石市
Lucy    20170201  湖北省宜昌市
```

第二部分

课程设计

案例系统(1)　设计要求

系统名称:职工信息管理系统的设计与实现

设计任务:设计一个职工信息管理系统,对某单位的员工信息进行管理,员工的信息包括姓名、职工号、性别、年龄、学历、工资、家庭住址、联系电话等。该系统主要包含以下功能。

(1) 提供执行的功能选择菜单,并能按照用户的选择执行相应的操作。

(2) 员工信息的动态录入。

(3) 员工信息的浏览。

(4) 员工信息的查询,查询方式包含按姓名、职工号、学历、电话号码。

(5) 员工信息的修改、删除。

设计要求:

(1) 系统可管理的员工数量在1000个以内,所有员工的信息需使用文件进行存储。

(2) 每个员工的职工号是唯一的,且在录入该员工其他信息时,由系统自动生成职工号,生成的范围为2018000~2018999。

(3) 员工信息的查询功能中,至少按照两种方式查询。

(4) 设计完成的系统要便于用户操作和使用,有清晰易懂的用户输入与操作提示界面,以及详细的输出结果。

(5) 开发系统的同时,要撰写课程设计报告,可包括系统设计的目的与意义、系统功能描述、系统详细设计及实现、系统性能测试和结果分析、系统设计小结、参考文献及附录等内容。

案例系统(1)　设计分析

根据系统的功能需求，可以按照如下的设计思路及步骤逐步开展。

(1) 根据需要存储的员工信息，定义出结构体数据类型。

按照系统的要求，定义的结构体如下。

```
struct employee
{
    char name[20];
    unsigned long num;
    char sex;
    int age;
    char education[10];
    int salary;
    char addr[50];
    char tel[12];
};
```

(2) 系统可以使用全局数组对员工的信息进行存储，并根据最大员工数量定义为：struct employee emp[1000]。定义一个全局变量用于存储实际的员工总人数，如 int M=0。

(3) 根据系统的需求，要使用文件对员工信息进行存储，根据文件的使用方法，可以定义 save()和 load()两个函数，分别用于将内存中的员工信息写入文件、将文件中的信息导入内存中，参考程序如下(将存放员工信息的文件命名为 employee. txt)。

```
void save()
{
    FILE *fp;
    int i;
    if((fp=fopen("employee.txt","wb"))==NULL)
    {
        printf("Can not open the file! \n");
        exit(0);
    }
    for(i=0;i<M;i++)
         fwrite(&emp[i],sizeof(struct employee),1,fp);
    fclose(fp);
    printf("文件写入操作成功! \n");
}
void load()
```

```
{
    FILE *fp;
    int i;
    if((fp=fopen("employee.txt","rb"))==NULL)
    {
        printf("Can not open the file!\n");
        exit(0);
    }
    for(i=0;!feof(fp);i++)
        fread(&emp[i],sizeof(struct employee),1,fp);
    fclose(fp);
    M=i-1;
}
```

(4) 根据系统的功能需求，可分别将录入、浏览、查询、修改功能的函数命名为 input()、print()、search()、xiugai()，并将每个子函数按照功能要求进行设计。为了便于对每个子函数进行调试，可以先编写出主函数，参考程序如下(因为此时一些子函数还没有编写具体的实现代码，为保证调试成功，可以在还没有编写实际代码的子函数中编写一行打印语句，如在 print()子函数中添加语句为 printf("浏览子函数.\n";))。

```
void main()
{
    int a;
    while(1)
    {
        printf("================职工信息管理系统================\n");
        printf("  \t1.录入员工信息        2.员工信息浏览 \n\n");
        printf("  \t3.员工查询       4.信息修改和删除 \n\n");
        printf("  \t5.添加员工信息        6.退出系统 \n");
        printf("=============================================\n");
        printf("                    请选择,输入 1-6 键:");
        scanf("%d",&a);
        switch(a)
        {
        case 1:input();break;
        case 2:shuchu();break;
        case 3:search();break;
        case 4:xiugai();break;
        case 5:add();break;
        case 6:exit(0);break;
        default:printf("\n 非法操作!\n");
        }
```

```
        system("pause");
        system("cls");
    }
}
```

(5) 逐个编写子函数,实现相应的功能,为了设计需要,可能在设计过程中又需要定义其他的子函数,以使程序的功能划分得更清晰,例如,可另外定义一个名为 suiji()的函数用来专门生成员工的职工号,在 input()函数体中需要调用该函数,参考程序如下。

```
unsigned long suiji()
{
    unsigned long h;
    srand(time(NULL));
    h=rand()%1000+2018000;   //如果生成[m,n]整数,则为 rand()%(n-m+1)+m
return h;
}
void input()                    //首次录入员工信息
{
    int i,j;
    printf("\n            欢迎进入录入员工信息\n");
    printf("==================================================\n");
    printf("\n输入要添加的员工的人数:");
    for(i=0;i<10;i++)
    {
        scanf("%d",&j);
        if(j<1000)
        {
        break;
        }
        printf("该系统只能存放 1000 人以内的信息,请重新输入\n");
    }
    if(i==10)
    {
        printf("输入的人数超过范围\n");
        exit(0);
    }
    for(i=0;i<j;i++)
    {
        printf("输入第%d个员工的姓名: ",i+1);
        scanf("%s",emp[i].name);
        printf("输入第%d个员工的性别(w/m): ",i+1);
        getchar();
```

```
        scanf("%c",&emp[i].sex);
        printf("输入第%d个员工的年龄:",i+1);
        scanf("%d",&emp[i].age);
        printf("输入第%d个员工的学历:",i+1);
        scanf("%s",&emp[i].education);
        printf("输入第%d个员工的工资:",i+1);
        scanf("%d",&emp[i].salary);
        printf("输入第%d个员工的住址:",i+1);
        scanf("%s",emp[i].addr);
        printf("输入第%d个员工的电话:",i+1);
        scanf("%s",emp[i].tel);
        emp[i].num=suiji();
        printf("该员工的职工号被系统定义为:%lu\n",emp[i].num);
    }
    M=j;
    save();
}
```

注意:当调用库函数时,需要将该库函数所在的头文件包含进来。在该系统中,可能需要包含以下头文件:"stdio. h"、"stdlib. h"、"string. h"、"time. h"。

在相关操作中,只要对员工的信息进行了修改(如录入、修改、删除等功能),在该子函数末尾就需要调用 save()函数,并将修改后的员工信息保存到文件中。除了首次录入的 input()函数外,其他功能的函数开头都需要调用 load()函数,并将文件中已经存在的员工信息导入内存。当在操作中更改了实际的员工人数后,则需要对 M 变量进行更新。

(6) 对于部分操作,如查询和修改功能,当用户选择要执行这些操作时,可以设置二级菜单供用户进一步选择执行哪种操作,如选择查询功能后,需要显示二级菜单是选择按姓名、职工号、学历、电话号码中的哪种方式进行查询。当用户选择二级菜单后,再按照具体的查询方式调用相应的子函数,参考程序如下。

```
void search()              //查询的主菜单
{
    int choice;
    printf("\t\t欢迎进入员工查询模块\n");
    printf("-----------------------------------------------------\n");
    printf("      1.按姓名查询   2.按学历查询   3.按职工号查询   4.按电话号码查询\n");
    printf("输入您需要的查询方式:");
    scanf("%d",&choice);
    switch(choice)
    {
    case 1:search_name();break;
    case 2:search_xueli();break;
```

```
    case 3:search_num();break;
    case 4:search_dianhua();break;
    default:printf("\n 非法操作!\n");
    }
}
```

(7) 对于一些相对比较复杂的功能,若无法直接编写出相应的代码,则可以先绘制流程图,理清算法思路,再逐步编写代码。如按照职工号进行查询时,可以先绘制出如图 2-1 所示的流程图,再编写代码,参考程序如下。

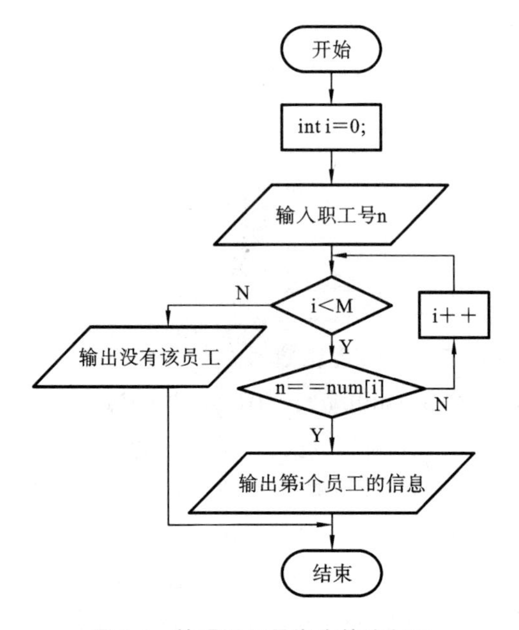

图 2-1 按照职工号查询的流程图

```
int search_num()        //按职工号查询
{
    load();
    int i,j=0,k;
    unsigned long n;
    printf("输入您需要查找的职工号:");
    scanf("%lu",&n);
    for(i=0;i<M;i++)
        if(n==emp[i].num)
        {
            printf("============员工相关信息===============\n");
            printf("序列 职工号 姓名 性别 年龄 学历 工资 家庭住址 电话号码\n");
            k=i;
            printf("%2d ",j+1);
            printf("  %5lu",emp[i].num);
```

```
        printf("%10s",emp[i].name);
        printf("  %2c",emp[i].sex);
        printf("%6d",emp[i].age);
        printf("%10s",emp[i].education);
        printf("%7d",emp[i].salary);
        printf(" %10s    ",emp[i].addr);
        printf("%10s",emp[i].tel);
        printf("\n");
        j++;
        break;
    }
    if(j==0)
    {
        printf("该职工号不存在\n");
        k=-1;
    }
    return k;
}
```

课程设计(1)　参考报告

课程设计报告

课程名称：C 语言程序设计课程设计

题　　目：职工信息管理系统的设计与实现

专业班级：计算机科学与技术 2019 本 1 班

学　　号：19410004

学生姓名：张明

指导老师：刘华

完成时间：2020 年 4 月 30 日

课程设计任务书

课程名称：C 语言程序设计课程设计

设计题目：职工信息管理系统的设计与实现

专　　业：计算机科学与技术

班　　级：计算机科学与技术 2019 本 1 班

完成时间：2020 年 4 月 30 号

指导老师：刘华

1. 主要内容

设计一个职工信息管理系统，对某单位的员工信息进行管理，员工的信息包括姓名、职工号、性别、年龄、学历、工资、家庭住址、联系电话等。该系统主要包含以下功能。

(1) 提供执行的选择菜单，并按照用户的选择执行相应的操作。

(2) 员工信息的动态录入。

(3) 员工信息的浏览。

(4) 员工信息的查询，查询方式包含：按学历查询、按职工号查询、按电话号码查询。

(5) 员工信息的修改、删除。

2. 基本要求

(1) 系统可管理的员工数量在 1000 个以内，所有员工的信息需使用文件进行存储。

(2) 每个员工的职工号是唯一的，且在录入该员工的其他信息时，由系统自动生成职工号，生成的范围为 2018000～2018999。

(3) 在员工信息的查询功能中，至少完成按照两种方式查询的任务。

(4) 设计完成的系统要便于用户操作和使用，有清晰易懂的用户输入与操作提示界面，以及详细的输出结果。

(5) 开发系统的同时，要撰写课程设计报告，可包括系统设计的目的与意义、系统功能描述、系统详细设计及实现、系统性能测试和结果分析、系统设计小结、参考文献及附录等内容。

参考文献

[1] 胡成松，黄玉兰，李文红. C语言程序设计[M]. 北京：机械工业出版社，2015.

[2] 雷于生，胡成松. C语言程序设计[M]. 北京：高等教育出版社，2009.

课程设计成绩评定表

<table>
<tr><td colspan="2">课程名称</td><td colspan="7">C语言程序设计课程设计</td></tr>
<tr><td colspan="2">题　　目</td><td colspan="7">职工信息管理系统的设计与实现</td></tr>
<tr><td colspan="2">学生姓名</td><td>张明</td><td>学号</td><td>19410004</td><td>指导老师姓名</td><td>刘华</td><td>职称</td><td>教授</td></tr>
<tr><td>序号</td><td colspan="2">评价项目</td><td colspan="4">指标</td><td>满分</td><td>评分</td></tr>
<tr><td>1</td><td colspan="2">工作态度和出勤率</td><td colspan="4">按时完成规定的任务；工作努力，遵守纪律，出勤率高，擅与他人合作</td><td>10</td><td></td></tr>
<tr><td>2</td><td colspan="2">系统设计质量及答辩表现</td><td colspan="4">课程设计选题难度适中，计算过程简练准确，功能设计完备，用户交互较好；分析问题思路清晰，能正确回答老师提出的问题</td><td>40</td><td></td></tr>
<tr><td>3</td><td colspan="2">设计报告</td><td colspan="4">设计报告结构严谨，文理通顺，撰写规范，图表完备正确，排版效果好</td><td>40</td><td></td></tr>
<tr><td>4</td><td colspan="2">创新性</td><td colspan="4">系统设计有创新意识，对前人的工作有一些改进或有一定的应用价值</td><td>10</td><td></td></tr>
<tr><td>总分</td><td colspan="8"></td></tr>
<tr><td colspan="9">评语：</td></tr>
</table>

指导老师(签字)：__________　　　　______年 ____月 ____日

1. 系统设计的目的与意义

在当今社会，互联网空前快速发展，给人们的工作和生活带来了极大便利。电子化、网络化已经成为节约运营成本、提高工作效率的首选。传统方式下的员工管理不但效率低下，还常常因为管理的不慎而出现纰漏。因此设计企业职工信息管理系统，可以帮助企业达到员工管理办公自动化、节约管理成本、提高企业运行效率的目的。该系统能快速保存公司员工的基本信息，如姓名、职工号、性别、年龄、学历、家庭住址、电话号码等，使用户可以随时随地浏览员工的信息，如果人数过多，则可以通过条件限制查找到所需的人员信息。如通过电话号码查询，当用户输入一个电话号码时，系统可以立刻把使用该电话号码的人的所有基本信息输出，以达到快速查询的目的。随着时间的推移，当一些人的信息发生变化后，系统也可以对员工的信息进行随时修改，如某个人的电话号码换了，可以使用本系统快速地对员工信息进行更新。当一些员工离职后，还可以对信息进行删除。如果公司有新的员工加入，也可以实现员工信息的添加。因此，使用信息化手段对员工信息进行管理，可以起到事半功倍的效果。

2. 系统功能描述

根据系统的需要，可以划分为五个主要的模块，具体功能模块如图 2-2 所示。

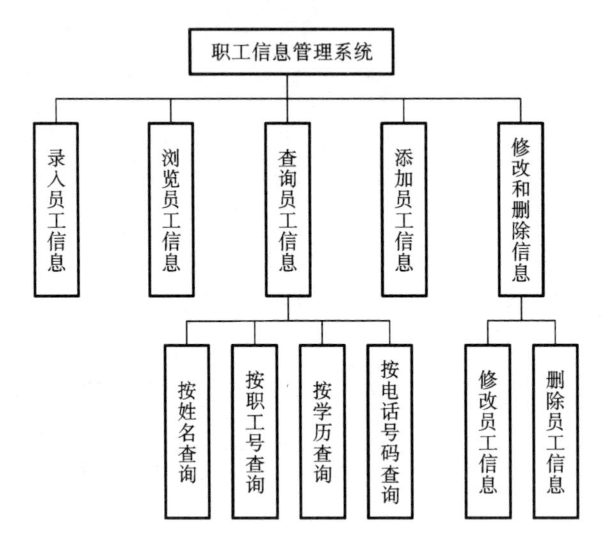

图 2-2　职工信息管理系统功能模块图

录入员工信息模块用来初次录入大量员工的相关信息，进入录入模块时系统会依次提示需要输入的信息，如依次输入员工的姓名、性别、年龄、学历、家庭住址、电话号码，之后系统会自动生成并分配职工号。

浏览员工信息模块用来查看所有员工的信息，用户可以一目了然地看到所有人的信息，方便快捷。

查询员工信息模块用来按照要求查询员工的信息，用户可以根据自己的需求分别通过姓名、职工号、学历、电话号码等来查找相关人员的信息，系统会显示所有符合用户查询条件的员工信息。

修改和删除信息模块可以用来修改和删除信息，如员工的姓名、电话、家庭住址等信息发生了变化（职工号不能修改），可以重新录入该员工信息。如果有员工辞职或退休等，可以删除该员工的信息。

添加员工信息模块用来添加少量员工的信息，进入此模块时系统会依次提示需要输入的信息，这里需要依次输入员工的姓名、性别、年龄、学历、家庭住址、电话号码，之后系统会自动给员工一个职工号。

3. 系统详细设计及实现

根据系统功能设计，实现了该系统的所有功能，下面对部分主要功能的实现方法和流程进行说明。

(1) 查询功能的实现。

查询功能用来查询员工的信息，可以按姓名、职工号、学历、电话号码查询。图 2-3 所示的是按职工号查询的流程图。定义整数 i=0，M，无符号长整型 n，其中 M 为系统存放员工的总人数，n 为用户输入的需要查询的职工号。当用户输入 n 值时，判断 i 是否小于 M，若成立，则判断 n 是否等于 num[i]，若等于，则输出第 i 个人的信息后结束查询，若不等于，则执行 i++，接着再判断 i 是否小于 M，直到 i==M，可确定没有该职工号的员工，输出提示信息。

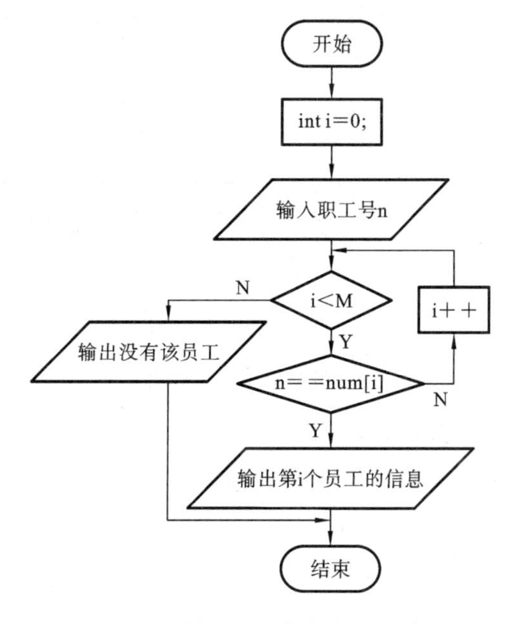

图 2-3　按职工号查询的流程图

按姓名、学历和电话号码查询时，与按照职工号查询有一些区别。当按学历查询时，查询的结果不是唯一的，如用户输入学历为“本科”时，查询的结果会将所有学历为本科的员工信息都显示出来，如果遍历所有员工后都没有找到满足条件的信息，系统会提示没有学历为本科的员工。而按职工号查询，最多只会显示一个员工的信息。

(2) 删除员工信息功能的实现。

删除员工信息功能用来删除员工的信息，当要删除某个员工的信息时，需要输入删除的职工号，调用按职工号查询的子函数，得到该员工在数组中的下标 k 后，执行 i=k 的赋值操作，然后用第 i+1 个员工的信息覆盖第 i 个员工的信息，用 i+2 个员工的信息覆盖第 i+1 个员工的信息，…，直到用第 M 个员工的信息覆盖第 M−1 个员工的信息，循环执行结束后，调用 save()函数将修改后的信息回写到磁盘文件，再执行 M=M−1，并输出提示信息，执行流程如图 2-4 所示。

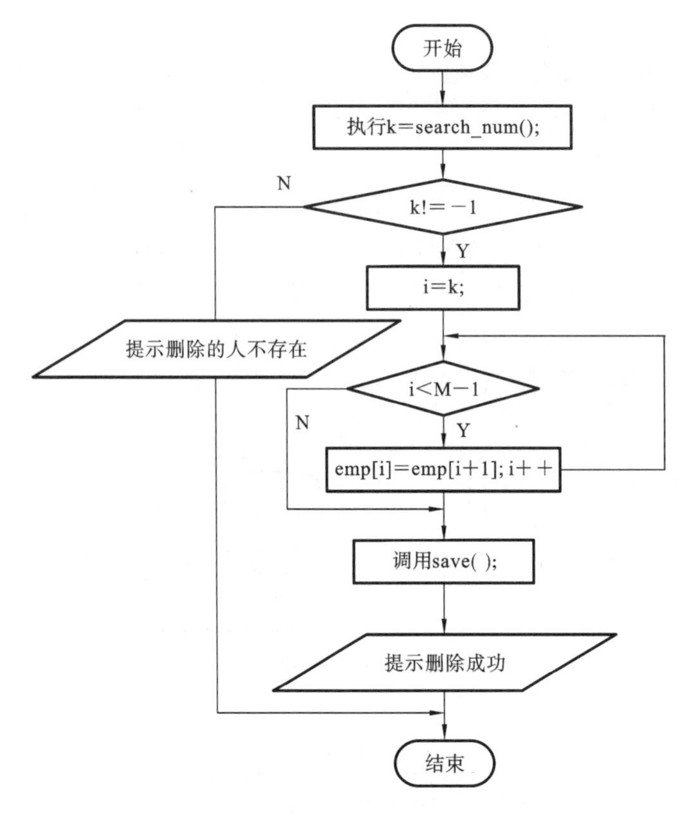

图 2-4　删除员工信息的流程图

4. 系统性能测试和结果分析

当启动程序后，会显示如图 2-5 所示的主界面测试图，用户可以根据自己的需要选择执行功能对应的序号。“1”是录入员工信息，“2”是员工信息浏览，“3”是员工查询，“4”是信息修改和删除，“5”是添加员工信息，“6”是退出系统。在界面的下方会出现“请选择，输入 1-6 键：”的字样。

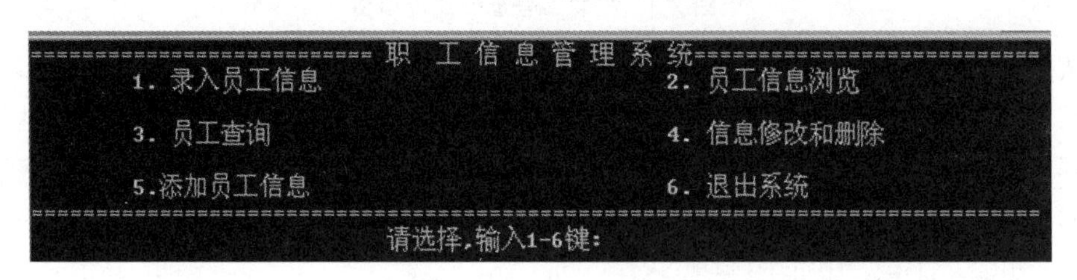

图 2-5　主界面测试图

(1) 录入员工信息功能测试。

当用户输入“1”时，会进入录入员工信息的界面，如图 2-6 所示，按照界面提示直接输入相关信息即可。

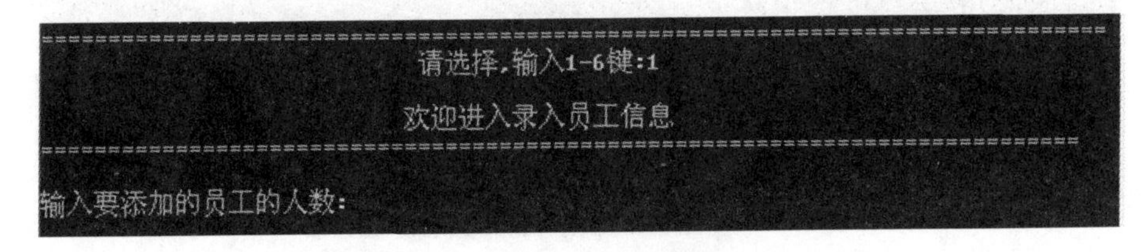

图 2-6　录入员工信息功能测试图

(2) 员工信息浏览功能测试。

当用户输入“2”时，会显示所有员工的信息，界面如图 2-7 所示。

员工相关信息

序列	职工号	姓名	性别	年龄	学历	工资	住址	电话
1	2018542	Lily	w	43	硕士	4500	南京	15363636366
2	2018790	刘德华	m	34	本科	4500	wuhan	15355555555
3	2018973	刘备	m	53	硕士	4500	beijing	13666666666

请按任意键继续. . .

图 2-7　员工信息浏览的界面

(3) 员工查询功能测试。

当用户输入“3”时，会进入员工查询的界面，如图 2-8 所示。然后用户可以在图 2-8 中的下面选择 1-4，按照不同的方式进行查询。

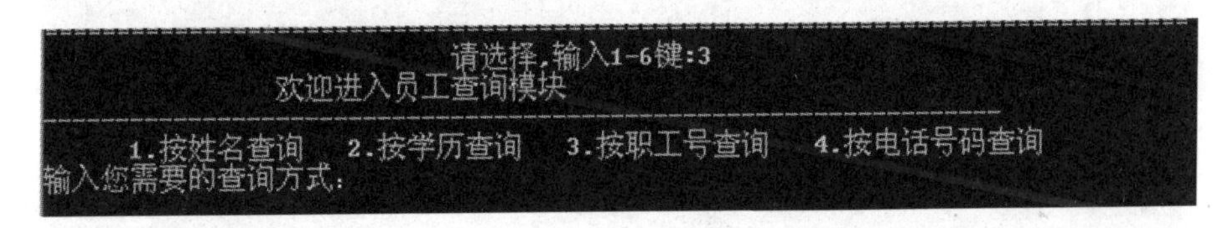

图 2-8　员工查询功能的主菜单

当选择按姓名查询后，输入需要查找的员工的姓名，可能会出现查询到该信息的界面(见图 2-9)，也可能会出现没有查询到该员工信息的界面(见图 2-10)。当按照不同的查询

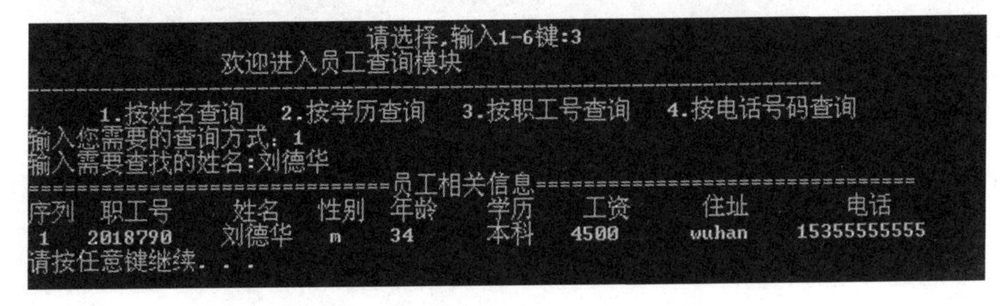

图 2-9　按姓名成功查询到相关信息的界面

方式时，成功查找到相关信息的界面分别如图 2-11、图 2-12、图 2-13 所示。

```
                请选择，输入1-6键:3
           欢迎进入员工查询模块
----------------------------------------------------------------
    1.按姓名查询   2.按学历查询   3.按职工号查询   4.按电话号码查询
输入您需要的查询方式: 1
输入需要查找的姓名:zhang
   没有查找到此姓名的职工!!!
请按任意键继续. . .
```

图 2-10　按姓名没有查询到相关信息的界面

```
           欢迎进入员工查询模块
----------------------------------------------------------------
    1.按姓名查询   2.按学历查询   3.按职工号查询   4.按电话号码查询
输入您需要的查询方式: 2
输入需要查找的学历:硕士
==============================员工相关信息==============================
序列  职工号      姓名   性别  年龄     学历    工资       住址          电话
 1    2018542     Lily    w     43      硕士    4500       南京       15363636366
 2    2018973     刘备    m     53      硕士    4500     beijing      13666666666
请按任意键继续. . .
```

图 2-11　按学历成功查询到相关信息的界面

```
           欢迎进入员工查询模块
----------------------------------------------------------------
    1.按姓名查询   2.按学历查询   3.按职工号查询   4.按电话号码查询
输入您需要的查询方式: 3
输入需要查找的职工号码:2018973
==============================员工相关信息==============================
序列  职工号      姓名   性别  年龄     学历    工资       住址          电话
 1    2018973     刘备    m     53      硕士    4500     beijing      13666666666
请按任意键继续. . .
```

图 2-12　按职工号成功查询到相关信息的界面

```
           欢迎进入员工查询模块
----------------------------------------------------------------
    1.按姓名查询   2.按学历查询   3.按职工号查询   4.按电话号码查询
输入您需要的查询方式: 4
输入需要查找的电话号码:15363636366
==============================员工相关信息==============================
序列  职工号      姓名   性别  年龄     学历    工资       住址          电话
 1    2018542     Lily    w     43      硕士    4500       南京       15363636366
请按任意键继续. . .
```

图 2-13　按电话号码成功查询到相关信息的界面

（4）信息修改和删除功能测试。

当用户输入“4”时，会进入员工信息修改和删除的界面，此时需要输入修改或删除员工的职工号，只有查找到该职工号的信息后，才会进一步提示是修改该员工的信息或删除该员工的信息，若是修改，则选择 1，按照界面提示输入该员工新的信息即可，若是删除，则按照界面提示进行操作。

(5) 添加员工信息功能测试。

当用户输入“5”时,会进入添加员工信息的界面,按照界面提示输入需要添加的人数以及一次输入每个员工的信息即可。

5. 系统设计小结

通过几周的信息系统开发,我学到了很多知识。

(1) 加深了对C语言的认识和了解,巩固了对所学知识的应用。

(2) 提高了我的动手能力,学会了自觉、主动地查找参考文献,如到图书馆翻阅书籍和上网查阅等,熟悉了软件设计的流程和基本规范。

(3) 提高了我对软件系统设计的理解,让自己很好地将具体应用与C语言程序设计相结合,使自己能学以致用。

(4) 提高了自己的办事效率,面对挑战不退缩,敢于迎难而上,除此之外,还学会了遇事沉着、冷静,认真思考,清晰地列出解决方案。

6. 参考文献

[1] 胡成松,黄玉兰,李文红. C语言程序设计[M]. 北京:机械工业出版社,2015.

[2] 雷于生,胡成松. C语言程序设计[M]. 北京:高等教育出版社,2009.

[3] 谭浩强. C++程序设计[M]. 北京:清华大学出版社,2004.

[4] 马鸣远. 程序设计与C语言[M]. 西安:西安电子科技大学出版社,2007.

[5] 张明林. C语言程序设计上机指导与习题集[M]. 西安:西安工业大学出版社,2006.

7. 附录:职工信息管理系统的设计与实现

职工信息管理系统的设计与实现的参考代码如下。

```
#include "stdio.h"
#include "stdlib.h"
#include "string.h"
#include "time.h"
void save();
void load();
void input();
void search();
void search_name();
void search_xueli();
int search_num();
void search_dianhua();
void xiugai();
void add();
void shuchu();
void revise(int k);
```

```
void delete1(int k);
unsigned long suiji();
int M=0;          //实际的员工总人数
struct employee
{
    char name[20];
    unsigned long num;
    char sex;
    int age;
    char education[10];
    int salary;
    char addr[50];
    char tel[12];
};
struct employee emp[1000];
void main()
{
    int a;
    while(1)
    {
        printf("==================职工信息管理系统==================\n");
        printf("  \t1.录入员工信息                    2.员工信息浏览 \n\n");
        printf("  \t3.员工查询                        4.信息修改和删除  \n\n");
        printf("  \t5.添加员工信息                    6.退出系统  \n");
        printf("=====================================================\n");
        printf("                   请选择,输入 1-6 键:");
        scanf("%d",&a);
        switch(a)
        {
        case 1:input();break;
        case 2:shuchu();break;
        case 3:search();break;
        case 4:xiugai();break;
        case 5:add();break;
        case 6:exit(0);break;
        default:printf("\n 非法操作! \n");
        }
        system("pause");
        system("cls");
    }
}
void input()        //首次录入员工信息
```

```
{
    int i,j;
    printf("\n                    欢迎进入录入员工信息\n");
    printf("==================================================\n");
    printf("\n输入要添加的员工人数: ");
    for(i=0;i<10;i++)
    {
        scanf("%d",&j);
        if(j<1000)
        {
        break;
        }
        printf("该系统只能存放1000人以内的信息,请重新输入\n");
    }
    if(i==10)
    {
        printf("输入的人数超过范围\n");
        exit(0);
    }
    for(i=0;i<j;i++)
    {
        printf("输入第%d个员工的姓名:",i+1);
        scanf("%s",emp[i].name);
        printf("输入第%d个员工的性别(w/m):",i+1);
        getchar();
        scanf("%c",&emp[i].sex);
        printf("输入第%d个员工的年龄:",i+1);
        scanf("%d",&emp[i].age);
        printf("输入第%d个员工的学历:",i+1);
        scanf("%s",&emp[i].education);
        printf("输入第%d个员工的工资:",i+1);
        scanf("%d",&emp[i].salary);
        printf("输入第%d个员工的家庭住址:",i+1);
        scanf("%s",emp[i].addr);
        printf("输入第%d个员工的电话号码:",i+1);
        scanf("%s",emp[i].tel);
        emp[i].num=suiji();
        printf("该员工的职工号被系统定义为:%lu\n",emp[i].num);
    }
    M=j;
    save();
}
```

```
void save()                    //文件存盘
{
    FILE *fp;
    int i;
    if((fp=fopen("employee.txt","wb"))==NULL)
    {
        printf("Can not open the file!\n");
        exit(0);
    }
    for(i=0;i<M;i++)
        fwrite(&emp[i],sizeof(struct employee),1,fp);
    fclose(fp);
    printf("============操作成功! ============\n");
}
void load()                    //磁盘信息读入内存
{
    FILE *fp;
    int i;
    if((fp=fopen("employee.txt","rb"))==NULL)
    {
        printf("Can not open the file!\n");
        exit(0);
    }
    for(i=0;!feof(fp);i++)
        fread(&emp[i],sizeof(struct employee),1,fp);
    fclose(fp);
    M=i-1;
}
unsigned long suiji()          //生成随机的职工号
{
    unsigned long h;
    srand(time(NULL));
    h=rand()%1000+2018000;
    return h;
}
void search()                  //查询的主菜单
{
    int choice;
    printf("\t\t欢迎进入员工查询模块\n");
    printf("--------------------------------------------------------\n");
    printf(" 1.按姓名查询   2.按学历查询   3.按职工号查询   4.按电话号码查询\n");
    printf("输入您需要的查询方式:");
```

```
    scanf("%d",&choice);
    switch(choice)
    {
    case 1:search_name();break;
    case 2:search_xueli();break;
    case 3:search_num();break;
    case 4:search_dianhua();break;
    default:printf("\n 非法操作！\n");
    }
}
void search_name()          //按姓名查询
{
    int i,j=0;
    char c1[10];
    load();
    printf("输入您需要查找的姓名:");
    getchar();
    gets(c1);
    for(i=0;i<M;i++)
        if(strcmp(c1,emp[i].name)==0)
        {
            if(j==0)
            {
            printf("=================员工相关信息=================\n");
            printf("序列   职工号  姓名  性别   年龄  学历  工资  家庭住址  电话号码\n");
            }
            printf("%2d",j+1);
            printf("  %5lu",emp[i].num);
            printf("%10s",emp[i].name);
            printf("  %2c",emp[i].sex);
            printf("%6d",emp[i].age);
            printf("%10s",emp[i].education);
            printf("%7d",emp[i].salary);
            printf("%10s    ",emp[i].addr);
            printf("%10s",emp[i].tel);
            printf("\n");
            j++;
        }
    if(j==0)
       printf(" 没有查找到此姓名的员工！！！\n");
}
void search_xueli()         //按学历查询
```

```
{
    int i,j=0;
    char c1[10];
    load();
    printf("输入您需要查找的学历:");
    getchar();
    gets(c1);
    for(i=0;i<M;i++)
        if(strcmp(c1,emp[i].education)==0)
        {
            if(j==0)
            {
            printf("=================员工相关信息=================\n");
            printf("序列   职工号  姓名  性别   年龄  学历  工资  家庭住址  电话号码\n");
            }
            printf("%2d ",j+1);
            printf("  %5lu",emp[i].num);
            printf("%10s",emp[i].name);
            printf("  %2c",emp[i].sex);
            printf("%6d",emp[i].age);
            printf("%10s",emp[i].education);
            printf("%7d",emp[i].salary);
            printf(" %10s    ",emp[i].addr);
            printf("%10s",emp[i].tel);
            printf("\n");
            j++;
        }
    if(j==0)
       printf("  输入的学历有误!!!\n");
}
int search_num()            //按职工号查询
{
    load();
    int i,j=0,k;
    unsigned long n;
    printf("输入您需要查找的职工号:");
    scanf("%lu",&n);
    for(i=0;i<M;i++)
        if(n==emp[i].num)
        {
            printf("=================员工相关信息=================\n");
            printf("序列  职工号  姓名  性别  年龄  学历  工资  家庭住址  电话号码\n");
```

```
            k=i;
            printf("%2d",j+1);
            printf("  %5lu",emp[i].num);
            printf("%10s",emp[i].name);
            printf("  %2c",emp[i].sex);
            printf("%6d",emp[i].age);
            printf("%10s",emp[i].education);
            printf("%7d",emp[i].salary);
            printf(" %10s    ",emp[i].addr);
            printf("%10s",emp[i].tel);
            printf("\n");
            j++;
            break;
        }
        if(j==0)
        {
            printf("该职工号不存在\n");
            k=-1;
        }
        return k;
}
void search_dianhua()      //按电话号码查询
{
    int i,j=0;
    load();
    char d[12];
    printf("输入您需要查找的电话号码:");
    getchar();
    gets(d);
    for(i=0;i<M;i++)
        if(strcmp(d,emp[i].tel)==0)
        {
            if(j==0)
            {
            printf("=================员工相关信息=================\n");
            printf("序列  职工号  姓名  性别  年龄  学历  工资  家庭住址  电话号码\n");
            }
            printf("%2d ",j+1);
            printf("  %5lu",emp[i].num);
            printf("%10s",emp[i].name);
            printf("  %2c",emp[i].sex);
            printf("%6d",emp[i].age);
```

```
            printf("%10s",emp[i].education);
            printf("%7d",emp[i].salary);
            printf(" %10s    ",emp[i].addr);
            printf("%10s",emp[i].tel);
            printf("\n");
            j++;
            break;
        }
        if(j==0)
            printf("该电话号码不存在\n");
}
void xiugai()                  //修改员工信息的主菜单
{
    int choice;
    printf("===========欢迎进入信息修改模块============\n");
    load();
    int k=search_num();
    if(k!=-1)
    {
        printf("1.删除信息              2.修改信息\n");
        printf("请输入您的选择\n");
        scanf("%d",&choice);
        switch(choice)
        {
        case 1:delete1(k);break;
        case 2:revise(k);break;
        default:printf("\n非法操作!\n");break;
        }
    }
    else
    {
        printf("没有查找到您要修改的员工信息\n");
    }
}
void delete1(int k)         //删除员工
{
    char c1;
    int i;
    printf("确认删除? 是输入y或Y,退出程序请按其他任意键\n");
    getchar();
    scanf("%c",&c1);
    if(c1=='y'||c1=='Y')
```

```
    {
        for(i=k;i<M-1;i++)
            emp[i]=emp[i+1];
        M=M-1;
        save();
        printf("删除成功\n");
    }
    else
        exit(0);
}
void revise(int z)          //更新员工信息
{
    char c2;
    int i=z;
    printf("输入该员工的姓名:\n");
    scanf("%s",emp[i].name);
    printf("输入该员工的性别(w/m):\n");
    getchar();
    scanf("%c",&emp[i].sex);
    printf("输入该员工的年龄:\n");
    scanf("%d",&emp[i].age);
    printf("输入该员工的学历:\n");
    scanf("%s",&emp[i].education);
    printf("输入该员工的工资:\n ");
    scanf("%d",&emp[i].salary);
    printf("输入该员工的家庭住址:\n");
    scanf("%s",emp[i].addr);
    printf("输入该员工的电话号码:\n");
    scanf("%s",emp[i].tel);
    printf("确认修改？是输入 y 或 Y,退出程序请按其他任意键\n");
    getchar();
    scanf("%c",&c2);
    if(c2=='y'||c2=='Y')
        save();
    else
        exit(0);
}
void add()          //添加员工
{
    load();
    int m,i,j;
    printf("==========进入添加信息模块===========\n");
```

```
    for(i=0;i<10;i++)
    {
        printf("请输入您需要添加的人数\n");
        scanf("%d",&j);
        if(j<1000-M)
        {
            m=j;
            break;
        }
        printf("该系统只能存放 1000 人以内的信息,剩余%d 个人的空间,请重新输入\n",
    1000-M);
    }
    if(i==10)
    {
        printf("输入的人数超过范围\n");
        exit(0);
    }
    M=M+m;
    for(i=0;i<m;i++)
    {
        printf("输入第%d个员工的姓名:",i+1);
        scanf("%s",emp[M+i-m].name);
        printf("输入第%d个员工的性别(w/m):",i+1);
        getchar();
        scanf("%c",&emp[M+i-m].sex);
        printf("输入第%d个员工的年龄:",i+1);
        scanf("%d",&emp[M+i-m].age);
        printf("输入第%d个员工的学历:",i+1);
        scanf("%s",&emp[M+i-m].education);
        printf("输入第%d个员工的工资:",i+1);
        scanf("%d",&emp[M+i-m].salary);
        printf("输入第%d个员工的家庭住址:",i+1);
        scanf("%s",emp[M+i-m].addr);
        printf("输入第%d个员工的电话号码:",i+1);
        scanf("%s",emp[M+i-m].tel);
        emp[M+i- m].num=suiji();
        printf("该员工的职工号被系统定义为:%lu\n",emp[M+i-m].num);
    }
    save();
}
void shuchu()                    //显示所有员工信息
{
```

```
    load();
    int i;
printf("---------------------------------------------------------------\n");
    printf("                        员工相关信息\n");
printf("---------------------------------------------------------------\n");
    printf("序列  职工号  姓名  性别  年龄  学历  工资  家庭住址  电话号码\n");
    for(i=0;i<M;i++)
    {
        printf("%2d ",i+1);
        printf("  %5lu",emp[i].num);
        printf("%10s",emp[i].name);
        printf("  %2c",emp[i].sex);
        printf("%6d",emp[i].age);
        printf("%10s",emp[i].education);
        printf("%7d",emp[i].salary);
        printf(" %10s    ",emp[i].addr);
        printf("%10s",emp[i].tel);
        printf("\n");
    }
}
```

案例系统(2)　设计要求

系统名称:通信录管理系统的开发

设计任务:制作一个通信录程序,该程序具有查找、添加、修改、删除等功能。通信录包括姓名、电话、家庭住址等基本信息。通信录管理系统主要包含以下功能。

(1) 提供执行的选择菜单,并按照用户的选择执行相应的操作。

(2) 创建通信录。

(3) 添加通信录,即在已有通信录的末尾填写新的信息。

(4) 查询联系人,按照姓名(完整姓名或部分姓名)或电话号码查询。

(5) 修改联系人信息。

(6) 删除联系人。

(7) 显示:输出通信录中的所有记录。

设计要求:

(1) 系统可管理的联系人在1000个以内,所有人员的信息需使用文件进行存储。

(2) 设计完成的系统要便于用户操作和使用,有清晰易懂的用户输入与操作提示界面,以及详细的输出结果。

(3) 开发系统的同时,要撰写课程设计报告,可包括系统设计的目的与意义、系统功能描述、系统详细设计及实现、系统性能测试和结果分析、系统设计小结、参考文献及附录等内容。

案例系统(2)　设计分析

为了合理地利用计算机的内存空间,本案例采用链表的数据结构对联系人信息进行处理。本案例可以采用以下设计思路开展设计和开发。

(1) 根据系统所要求存储的联系人信息,定义如下结构体数据类型。

```
struct list
{
    char name[20];
    char phone[20];
    char address[60];
    struct list*next;
};
```

(2) 为了系统的安全性,本案例设计了系统登录密码验证的功能,初始密码设置为123456,当输入正确密码后,登录进入系统。大家可以根据个人情况确定是否需要设计该功能,学有余力的读者还可以增加初始密码设置的功能。本案例设置的密码验证程序如下所示。

```
void passwordCheck()                                              //密码验证
{
    char password[7];
    int  count=0,m=0;
    printf("\n\n\t\t\t********** 通信录管理系统 **********\n");
    printf("\n\t\t 请输入系统密码:");
    while(1)
    {
        while((count>=0)&&(password[count]=getch())!=13)        //密码输入
        {
            count++;
            if(password[0]=='\b')
            {
                count=0;
                continue;
            }
            else if(password[count-1]=='\b')
            {
                printf("%c%c%c",'\b','\0','\b');
                count-=2;
```

```
            }
            else
                putchar('*');
        }
        password[count--]='\0';
        m++;
        if(strcmp(password,"123456")==0)                              //开始验证
        {
            system("cls");
            printf("欢迎登录通信录管理系统!");
            system("cls");
            break;
        }
        else
        {
            if(m<3)
            {
                system("cls");
                printf("\n\t\t 密码错误,请重新输入:");
                count=0;
            }
            else
            {
                system("cls");
                printf("\n\t\t 三次密码错误,请使用正确密码!\n\n");
                exit(1);
            }
        }
    }
}
```

(3) 根据系统需求,设计定义菜单函数,并先定义主函数调用密码验证函数,再调用菜单函数,然后根据用户的选择调用相关功能的子函数。

```
void menu()
{
    printf("================通信录管理系统==================\n");
    printf("  \t1.录入联系人                2.浏览通信录 \n\n");
    printf("  \t3.查询联系人                4.修改联系人  \n\n");
    printf("  \t5.删除联系人                0.退出系统   \n");
    printf("=============================================\n");
}
void main()
```

```
{
    int choice1,choice2;
    passwordCheck();
    while(1)
    {
        menu();
        printf("\t\t\t 请选择,输入 0-5 键:");
        scanf("%d",&choice1);
        getchar();
        switch(choice1)
        {
        case 1:input();break;
        case 2:printAll();break;
        case 3:
            printf("\t1.按姓名查询       2.按电话号码查询 \n\n\n");
            printf("\t 请选择查询方式,输入 1-2 键:");
            scanf("%d",&choice2);
            getchar();
            if(choice2==1)
            {
                searchByName();
                break;
            }
            else
            {
                searchByPhone();
                break;
            }
        case 4: modify();break;
        case 5:del();break;
        case 0:exit(0);break;
        default:printf("\n 非法操作! \n");
        }
        system("pause");
        system("cls");
    }
}
```

此时子函数还没有具体定义,读者可以先将相关子函数的函数名确定下来,并在函数体中编写一行便于调试的代码,具体示范如下。

```
void input()
{
```

```
    printf("正在调用 input 函数.\n");
}
```

(4) 根据系统需求,需要使用文件对联系人信息进行存储。根据文件的使用方法,可以定义 save()和 load()两个函数,分别用于将内存中的联系人写入文件,并将文件中的信息导入内存中。只有调用 save()函数将信息保存到文件中以后,才能对信息进行长期存储。下次在执行具体功能之前,必须先调用 load()函数将文件中的信息导入内存后,才能对内存中的数据进行查询、修改、删除等操作。这里介绍 save()函数的实现方法,参考程序如下(将存放联系人信息的文件命名为 list. txt)。

```
void save(struct list *p)          //单个节点信息存盘
{
    FILE *fp;
    if((fp=fopen("list.txt","ab"))==NULL)
    {
        printf("Can not open the file!\n");
        exit(0);
    }
    if(fwrite(p,sizeof(struct list),1,fp)==1)
        printf("保存成功!\n");
    fclose(fp);
}
```

(5) 分析链表的具体使用,包括链表的创建、插入、查询、修改、删除等,分别对应系统中的相关功能。load()函数的功能是将信息从文件导入内存,此时需要创建链表,并将信息逐个插入链表中,本案例对链表的插入采用尾插法来实现。

(6) 按照系统要求来逐个实现相关功能,即对之前定义的 input()、printAll()等子函数进行完善,如 printAll()函数的实现方法如下所示。

```
void printAll(struct list *head)
{
    struct list *p=head;
    if(head==NULL)
    {
        printf("没有任何联系人!\n");
        return ;
    }
    else
    {
        printf("\t%-20s%-20s%-30s\n","姓名","电话号码","家庭住址");
        do
        {
```

```
            printf("\t%-20s%-20s%-30s\n",    p->name ,p->phone ,p->address );
            p=p->next;
        }while(p->next!=NULL);
    }
}
```

(7) 对系统设计中的几点说明。

① 对于变量或函数等标识符的命名,应尽量采用规范的命名方式,本案例在设计过程中采用了驼峰命名法,如 searchByName 等。

② 对联系人进行修改或删除操作后,需要将结果保存到文件中去。为了使用方便,另外设计了 saveAll()函数,其功能是使用当前链表中的所有节点信息覆盖 list.txt 中的所有信息,这与 save()函数的功能不相同,save()函数是将新创建的节点信息追加到 list.txt 文件的末尾。

③ 使用姓名或电话号码进行查询时,为了考虑系统的实用性,采用了模糊查询,调用了 strstr()函数。

④ 对信息进行修改或删除时,在输入查询条件、采用模糊查询后,此时有可能会查询到多个满足条件的记录。为了将查询到的多个节点的指针存储下来,可使用指针数组。

⑤ 在子函数的具体实现过程中,可能需要知道主调函数、被调函数的实际情况,合理地设置子函数的参数和返回值。

课程设计(2)　参考报告

课程设计报告

课程名称：C语言程序设计课程设计
题　　目：通信录管理系统的开发
专业班级：计算机科学与技术2019本1班
学　　号：19410005
学生姓名：张强
指导老师：刘华
完成时间：2020年4月30日

课程设计任务书

课程名称：C语言程序设计课程设计
设计题目：通信录管理系统的开发
专　　业：计算机科学与技术
班　　级：计算机科学与技术2019本1班
完成时间：2020年4月30号
指导老师：刘华

1. 主要内容

编写一个通信录管理程序，该程序具有查找、添加、修改、删除等功能。通信录包括姓名、电话、家庭住址等基本信息，该系统主要包含以下功能。

(1) 提供执行的选择菜单，并按照用户的选择执行相应的操作。

(2) 创建通信录。

(3) 添加通信录，即在已有通信录的末尾填写新的信息。

(4) 查询联系人，按照姓名(完整姓名或部分姓名)或电话号码查询。

(5) 修改联系人信息。

(6) 删除联系人。

(7) 显示：输出通信录中的所有记录。

2. 基本要求

(1) 系统可管理的联系人在1000个以内，所有人员的信息需使用文件进行存储。

(2) 设计完成的系统要便于用户操作和使用，有清晰易懂的用户输入与操作提示界面，以及详细的输出结果。

(3) 开发系统的同时，要撰写课程设计报告，可包括系统设计的目的与意义、系统功能描述、系统详细设计及实现、系统性能测试和结果分析、系统设计小结、参考文献及附录等内容。

参考资料

[1] 胡成松，黄玉兰，李文红. C语言程序设计[M]. 北京：机械工业出版社，2015.

[2] 雷于生，胡成松. C语言程序设计[M]. 北京：高等教育出版社，2009.

课程设计成绩评定表

<table>
<tr><td colspan="2">课程名称</td><td colspan="7">C语言程序设计课程设计</td></tr>
<tr><td colspan="2">题　　目</td><td colspan="7">通信录管理系统的开发</td></tr>
<tr><td colspan="2">学生姓名</td><td>张强</td><td>学号</td><td>19410005</td><td>指导老师姓名</td><td>刘华</td><td>职称</td><td>教授</td></tr>
<tr><td>序号</td><td colspan="2">评价项目</td><td colspan="4">指标</td><td>满分</td><td>评分</td></tr>
<tr><td>1</td><td colspan="2">工作态度和出勤率</td><td colspan="4">按时完成规定的任务；工作努力，遵守纪律，出勤率高，擅于与他人合作</td><td>10</td><td></td></tr>
<tr><td>2</td><td colspan="2">系统设计质量及答辩表现</td><td colspan="4">课程设计选题难度适中，计算过程简练准确，功能设计完备，用户交互较好；分析问题思路清晰，能正确回答老师提出的问题</td><td>40</td><td></td></tr>
<tr><td>3</td><td colspan="2">设计报告</td><td colspan="4">设计报告结构严谨，文理通顺，撰写规范，图表完备正确，排版效果好</td><td>40</td><td></td></tr>
<tr><td>4</td><td colspan="2">创新性</td><td colspan="4">系统设计有创新意识，对前人的工作有一些改进或有一定的应用价值</td><td>10</td><td></td></tr>
<tr><td>总分</td><td colspan="8"></td></tr>
<tr><td colspan="9">评语：</td></tr>
</table>

指导老师(签字)：__________　　　　______年 _____月 _____日

1. 系统设计的目的与意义

随着社会的快速发展，人们之间的联系变得越来越频繁，每个人几乎每天都要与自己的家人、同事、领导、同学、朋友联系。虽然现在的即时通信工具已经越来越普及，但是通过电话的方式依然是其他联系方式所无法替代的。为了能方便、快捷地联系到对方，我们必须存储对方的相关基本信息，如姓名、电话号码等信息，最常用的存储方式就是使用通信录进行存储。通信录可以很安全地对联系人的信息进行存储，并能在需要的时候进行快速查询、修改和删除等操作。

2. 系统功能描述

根据设计系统的要求，结合个人平时生活中对通信录使用的理解，我们对通信录管理系统进行了基本的功能模块划分。通信录管理系统共划分为五个主要的功能模块，其中查询联系人信息功能模块又按照两个子功能进行了设计。通信录管理系统功能模块如图 2-14 所示。

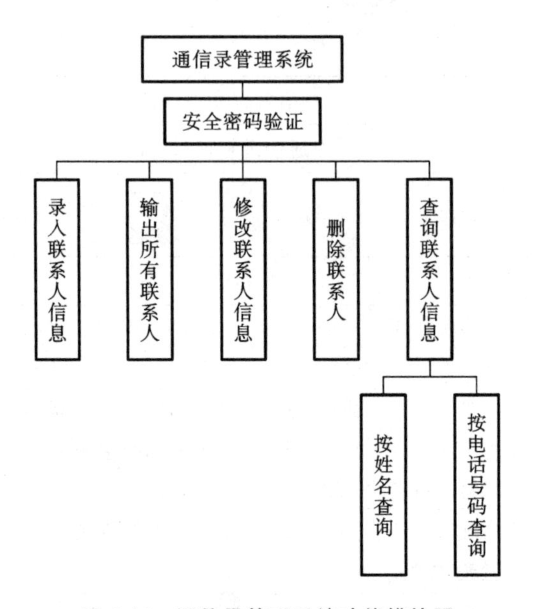

图 2-14　通信录管理系统功能模块图

设计时，考虑到实际应用的安全性，在正式进入系统操作之前，设计了安全密码验证的功能。只有当用户输入正确的密码后，才能进入该系统执行相关操作。

录入联系人信息功能模块，根据系统要求，用户输入联系人的基本信息，包括姓名、电话、家庭住址后，即完成该联系人的录入。

输出所有联系人功能模块，即将现在保存的所有联系人的信息按照一定的格式规范输出。

查询联系人信息功能模块，即按照用户的要求查询满足条件的联系人。该模块设计了按姓名查询和按电话号码查询两个子模块，用户可以选择按任何一种查询方式完成查询。

修改联系人信息功能模块，即将需要修改的联系人的信息进行更新。

删除联系人功能模块，即从系统中删除某一个联系人的信息。

3. 系统详细设计及实现

根据系统的功能设计，我们详细列出了实现通信录管理系统的所有功能。下面对部分主要功能的实现方法和流程进行说明。

(1) 数据存储结构的定义。

为了节省内存空间,本案例采用了链表的数据结构对信息进行存储,其中一个节点存储一个联系人的信息,next 指针存储下一个节点的地址,代码如下。

```
struct list
{
    char name[20];           //联系人姓名
    char phone[20];          //联系人电话
    char address[60];        //联系人住址
    struct list*next;        //下一个节点的地址
};
```

(2) 密码验证功能设计。

根据一般密码验证的规则进行设计。为了保证安全性,无论用户输入什么字符,屏幕上都以"＊"显示。若密码输入正确,就进入系统,若不正确,则提示错误并接受再次输入,当输入次数达到三次后密码仍然不正确,则系统运行结束。输入时若输入了退格键,则需要做特殊处理。该算法的程序流程如图 2-15 所示。

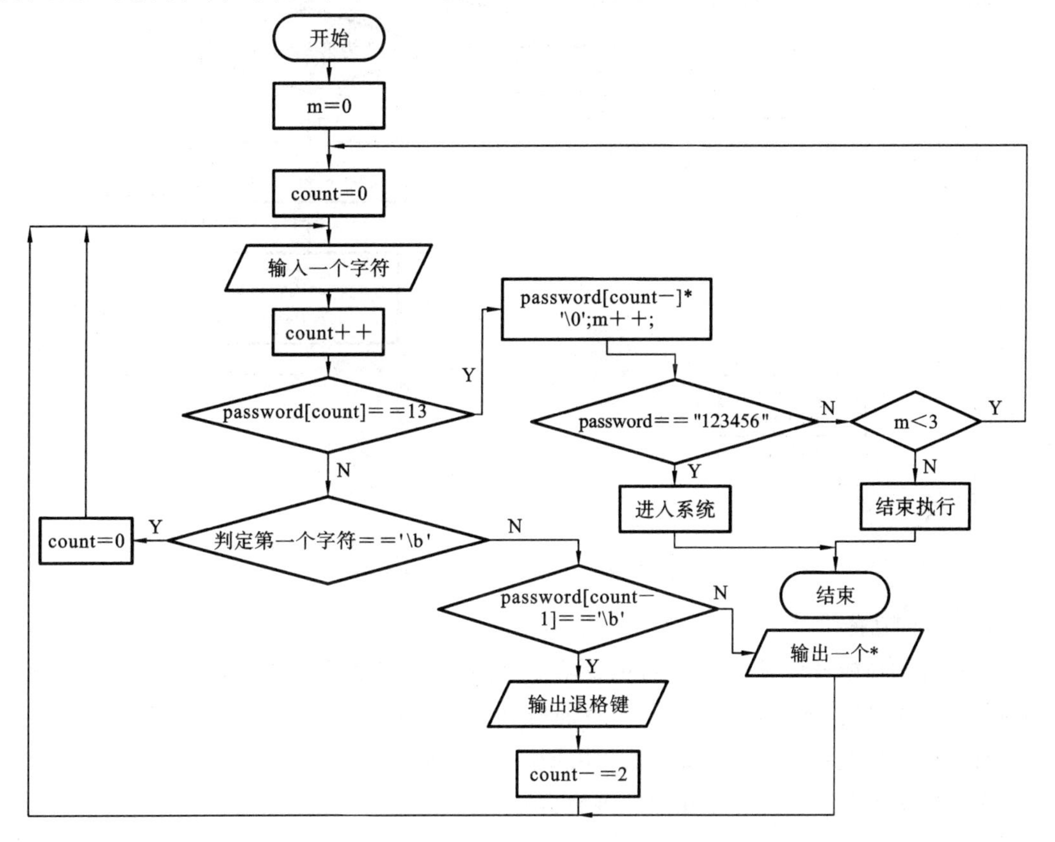

图 2-15　密码验证程序流程图

(3) 导入数据功能设计。

在执行输出、查找等操作之前,需要将文件中的联系人信息导入内存中。首先判断存放数据的文件是否能正常打开,若不能,则结束操作,若能正常打开,则判断文件是否为空。如果文件为空,则提示没有记录存在,并返回空指针。若文件不为空,则每次读取一个记录就存放到动态开辟的链表节点中去,直到读取到文件末尾后关闭文件,返回头节点的指针。load()函数的流程图如图 2-16 所示。

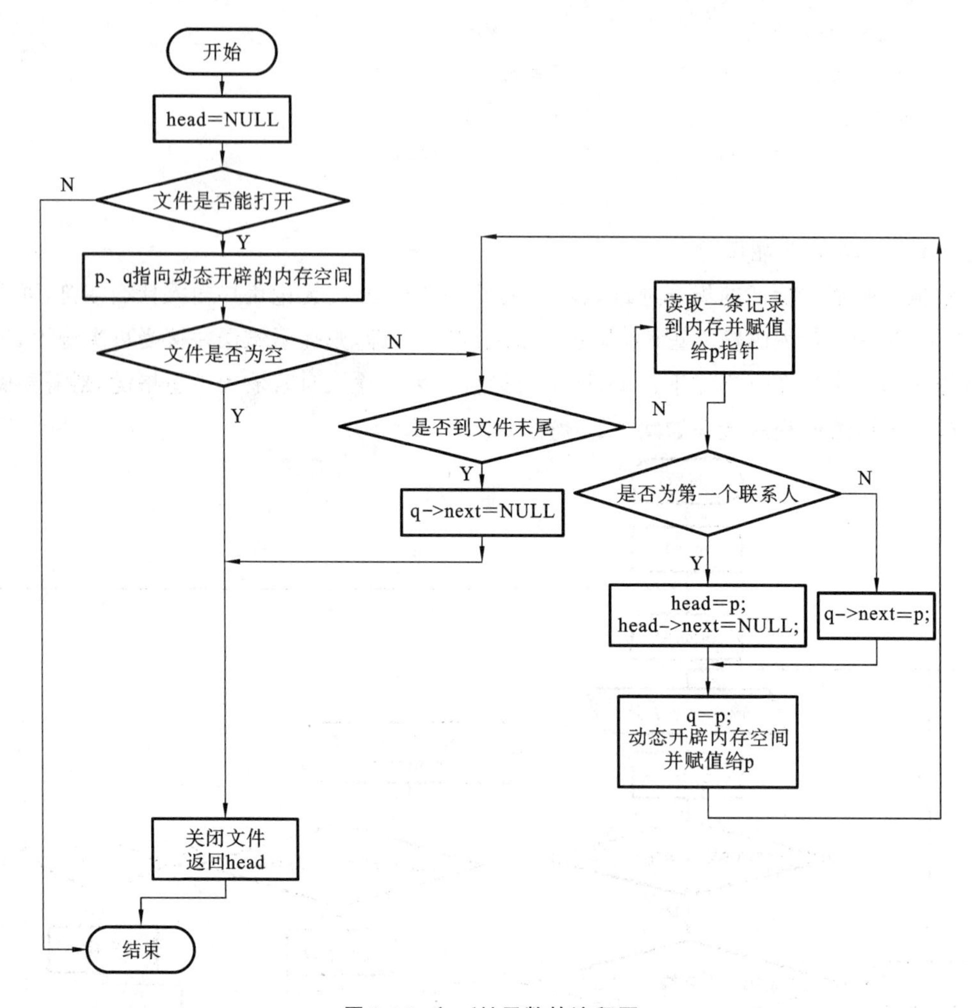

图 2-16　load()函数的流程图

(4) 查询功能设计。

进行查询功能设计时,根据设计的要求,可提供按姓名和按电话号码查询,当用户选择相应的查询条件时,按照要求将满足条件的信息查找出来。下面以按姓名查询为例介绍设计流程。按姓名查找联系人的程序流程图如图 2-17 所示。

其他模块的具体设计思路在此不再赘述。

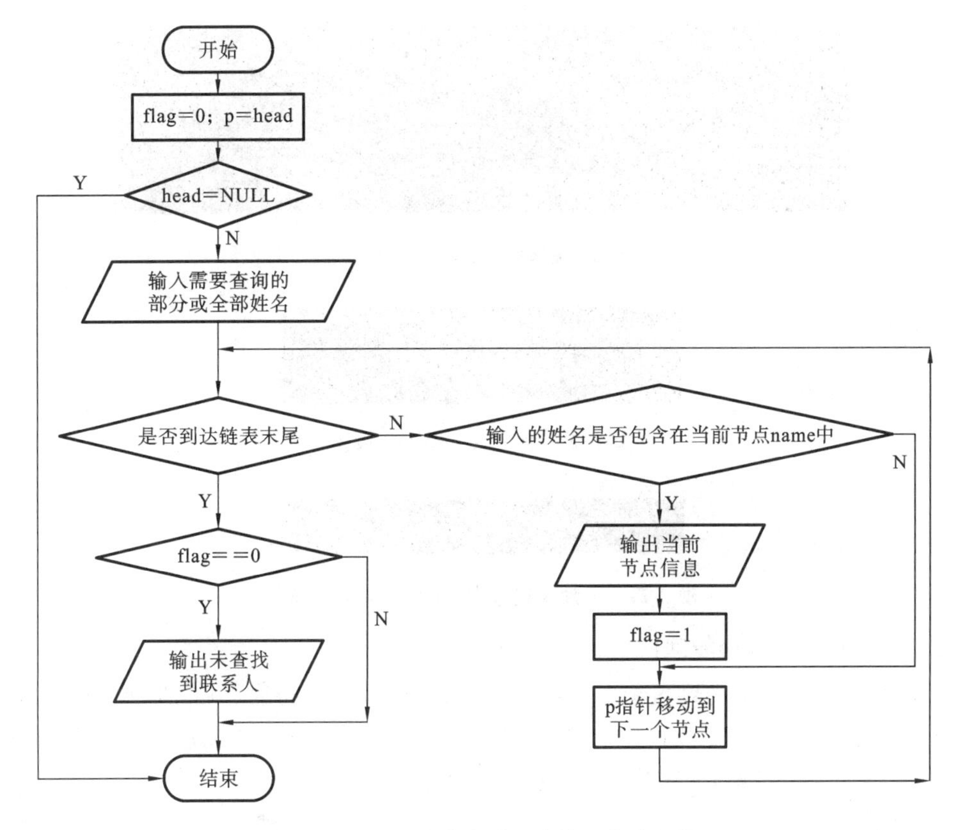

图 2-17　按姓名查找联系人的程序流程图

4. 系统性能测试及分析

当系统设计完成后，按照功能对通信录管理系统进行测试，下面对测试的过程和结果进行简要介绍。

(1) 密码验证的功能测试。

执行程序后，在如图 2-18 所示的密码输入界面输入密码。输入正确密码“123456”和不正确密码的显示界面分别如图 2-19、图 2-20 所示，若三次输入的密码都不正确，则运行界面如图 2-21 所示。

图 2-18　密码输入界面

经测试后分析，三次以内输入正确密码，成功进入系统，若第三次密码依然不正确，则系统强制退出界面，测试效果较好。

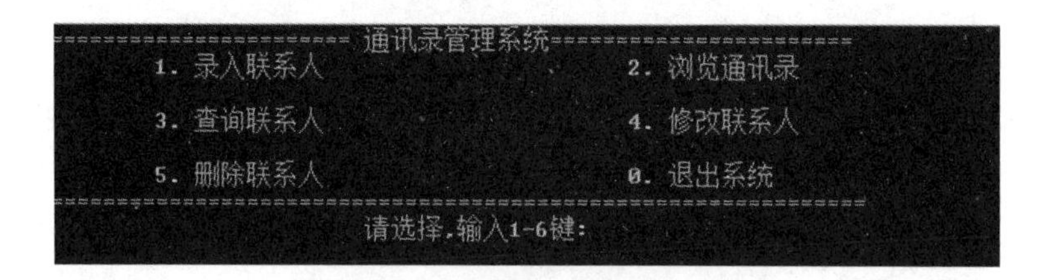

图 2-19　密码验证成功后的主界面

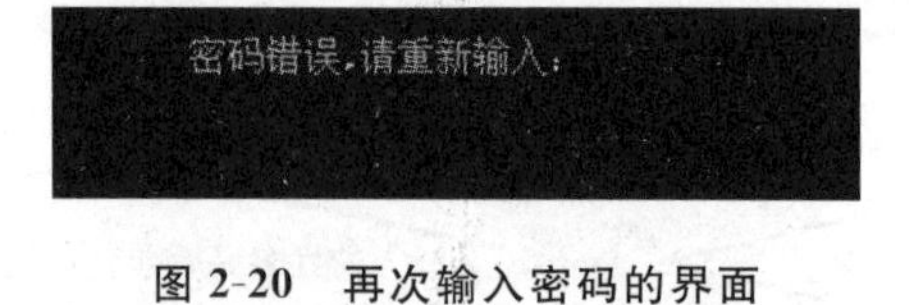

图 2-20　再次输入密码的界面

三次密码错误,请使用正确密码!

图 2-21　三次密码错误,系统强制退出界面

(2) 录入联系人的功能测试。

在如图 2-19 所示的主界面输入 1 后,进入录入联系人的功能界面,按照界面提示依次输入新的联系人信息,按照界面提示对信息进行保存。一次只能录入并保存一个联系人的信息,若需录入多个联系人,则需反复执行录入功能。

测试用例:

姓名:李东　电话:17777777777　家庭住址:湖北省武汉市洪山区

当录入以上测试用例中的数据后,功能测试界面如图 2-22 所示。

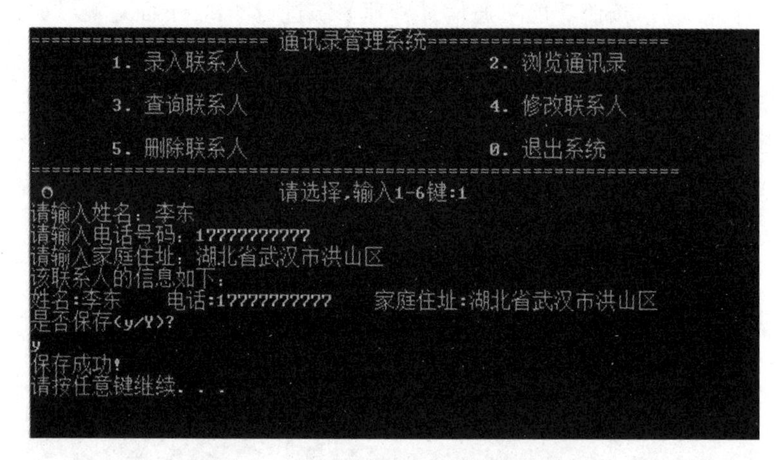

图 2-22　录入联系人的功能测试界面

为便于系统进行其他测试,在录入联系人的功能界面下,继续录入如下所示的其他测试用例的数据。

其他测试用例:

姓名:胡兵　　电话:13333333333　家庭住址:北京市海淀区

姓名:李芳芳　电话:18888888888　家庭住址:湖北省武汉市光谷大道

姓名:胡兵兵　电话:19999999999　家庭住址:湖南省常德市

经测试后分析,该功能可以较好地完成单个联系人的录入及联系人添加等功能。

(3) 浏览通信录的功能测试。

用户在如图 2-19 所示的主界面输入 2 时,即可进入浏览通信录的功能测试界面,结果如图 2-23 所示。

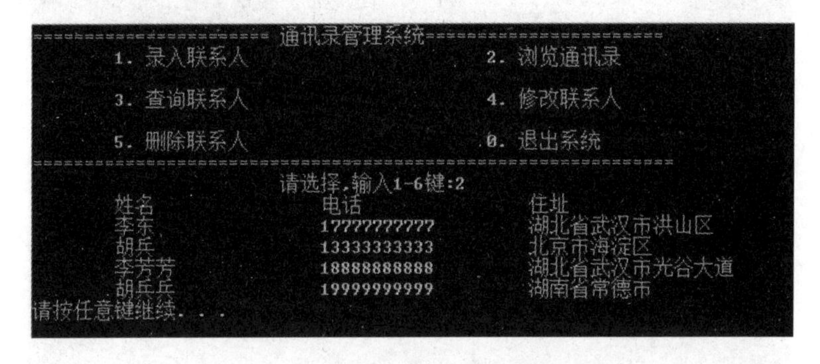

图 2-23　浏览通信录的功能测试界面

经测试后分析,该功能能将通信录中的所有联系人输出,输出界面清晰、整齐,完成效果较好。

(4) 查询联系人的功能测试。

在如图 2-19 所示的主界面输入 3 时,即可开始执行查询联系人的功能测试,此时界面进入如图 2-24 所示的查询选项的选择。

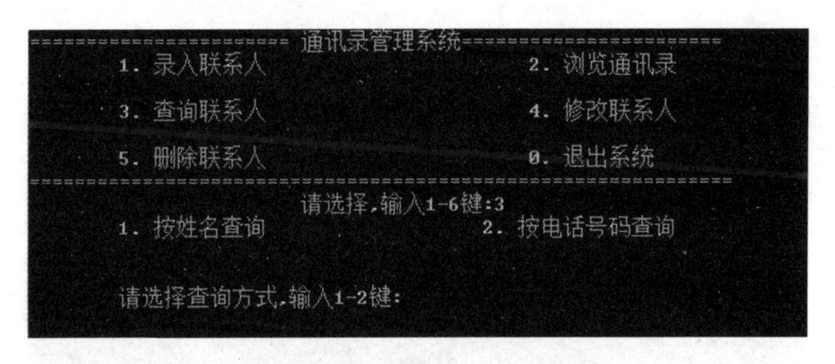

图 2-24　选择查询条件的界面

在如图 2-24 所示的界面中输入 1,表示选择按姓名查询,会出现如图 2-25 所示的按姓名查询的输入界面。

在如图 2-25 所示的界面下输入如下所示测试用例 1 的数据后,会出现如图 2-26 所示的界面结果。

测试用例 1:赵强

在如图 2-25 所示的界面下输入如下所示测试用例 2 的数据后,会出现如图 2-27 所示的

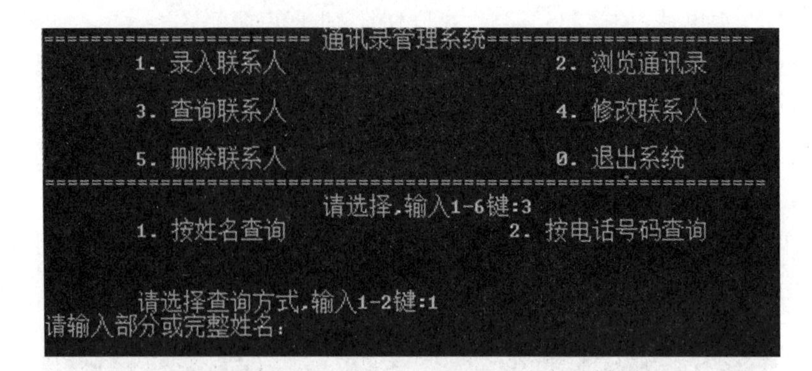

图 2-25　按姓名查询的输入界面

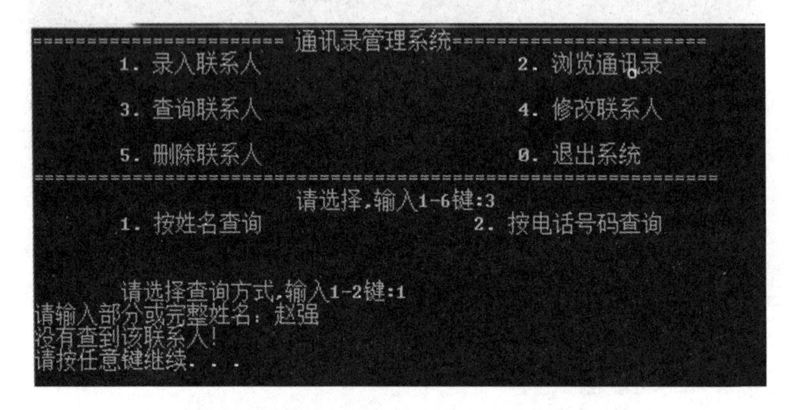

图 2-26　没有查找到满足条件联系人的界面

界面结果。

测试用例 2:李东

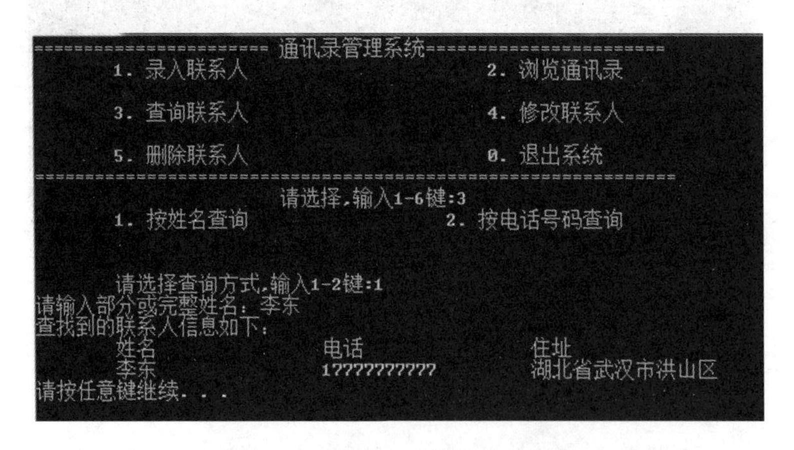

图 2-27　查找到一个联系人的界面

在如图 2-25 所示的界面下输入如下所示测试用例 3 的数据后，会出现如图 2-28 所示的界面结果。

测试用例 3:胡兵

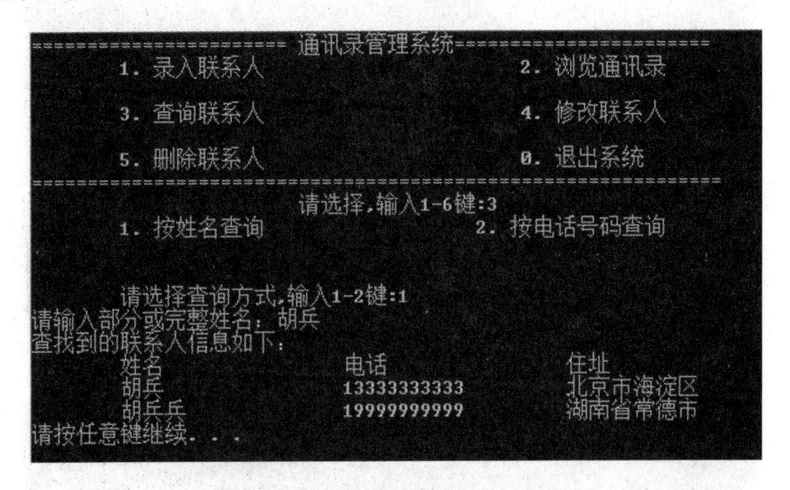

图 2-28　查找到多个联系人的界面

在如图 2-24 所示的界面中输入 2 时,将提示按电话号码查询,按电话号码查询的实现效果与按姓名查询的实现效果类似,在此不再赘述。

经测试后分析,查询联系人的功能实现了按姓名和按电话号码两个条件进行查询,符合系统要求。且在查询中能够实现按姓名和按电话号码的精确查询,也可以实现按查询条件的模糊查询,实现效果良好。

(5) 修改联系人的功能测试。

在如图 2-19 所示的主界面中输入 4 后,进入修改联系人功能模块,此时系统会显示如图 2-29 所示的操作界面,可在下面的"请输入部分或完整姓名:"后面输入待修改的联系人姓名。

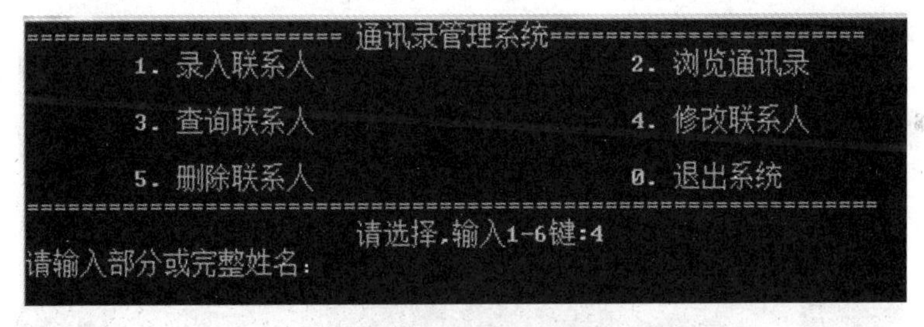

图 2-29　修改联系人的姓名输入界面

在如图 2-29 所示的界面下输入"胡兵"后,会显示如图 2-30 所示的选择界面。

在如图 2-30 所示的界面下输入一个要修改的联系人序号,如输入 1 后,即进入对该联系人的新的信息输入的界面,输入完成后,按照要求保存即可,具体执行结果如图 2-31 所示。

修改完成后,执行系统的浏览通信录功能进行测试,会显示如图 2-32 所示的新的通信录信息。

经测试后分析,修改联系人时,用户输入部分或完整姓名后,系统查找到 0 条或多条符

```
==================== 通讯录管理系统 ====================
      1. 录入联系人                        2. 浏览通讯录
      3. 查询联系人                        4. 修改联系人
      5. 删除联系人                        0. 退出系统
========================================================
              请选择,输入1-6键:4
请输入部分或完整姓名：胡兵
查找到的联系人信息如下：
       姓名              电话              住址
      1.胡兵             13333333333       北京市海淀区
      2.胡兵兵           19999999999       湖南省常德市
请选择需要修改的联系人前面的序号:
```

图 2-30　多个联系人信息修改的选择

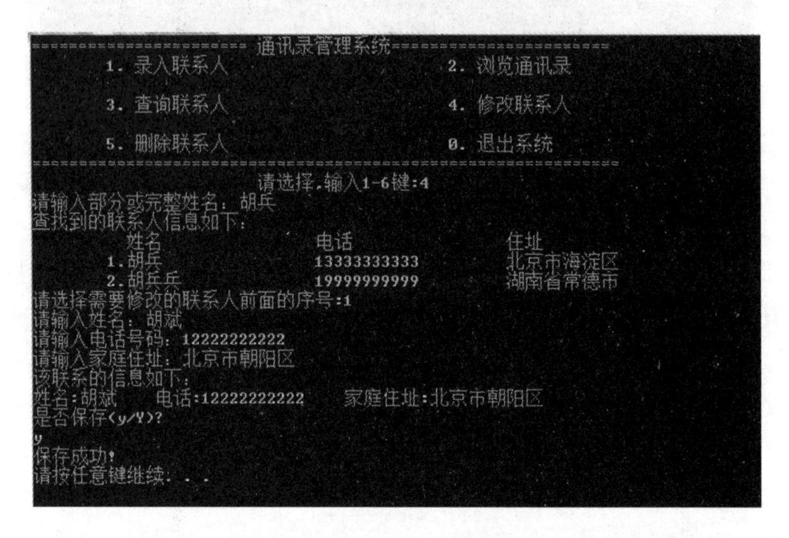

图 2-31　修改联系人信息界面

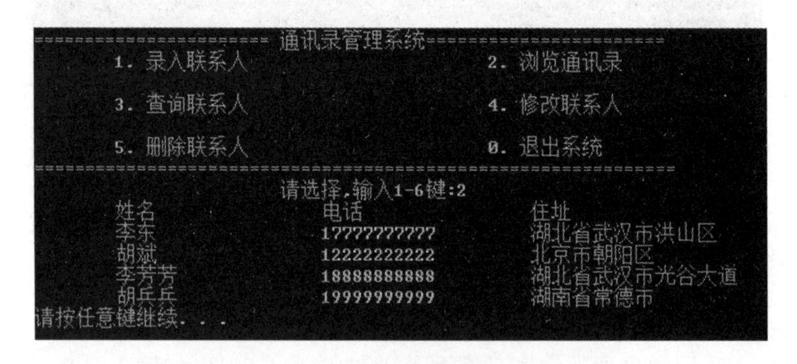

图 2-32　联系人被修改后成功保存的界面

合条件的信息，用户再根据序号选择需要修改的联系人，输入新的信息并存盘，实现效果较人性化，且修改后的结果能成功保存到磁盘，该功能实现良好。

(6) 删除联系人的功能测试。

在如图 2-19 所示的主界面中输入 5 后，进入删除联系人功能模块，操作界面如图 2-33

所示。

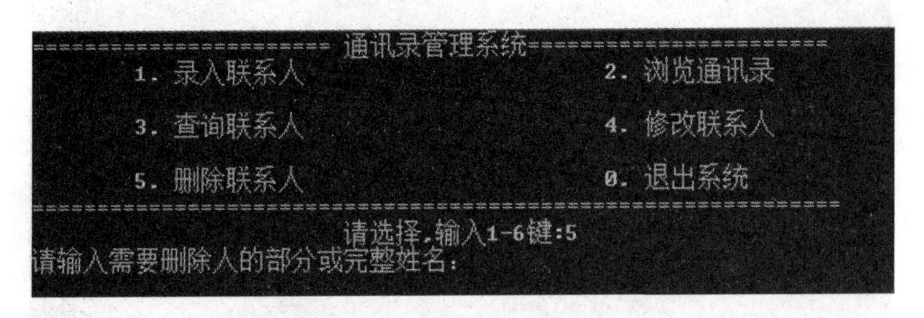

图 2-33　删除联系人操作界面

在如图 2-33 所示的界面下输入“张红”后，显示结果如图 2-34 所示，表示没有符合条件的联系人。

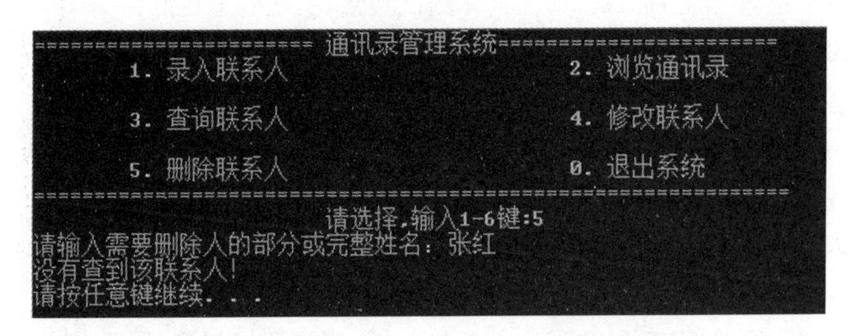

图 2-34　没有符合条件的待删除的联系人界面

在如图 2-33 所示的界面下输入“胡”后，显示多个查询结果，按照界面提示选择 2 后，删除效果如图 2-35 所示，表示删除了姓名中包含“胡”的第二条联系人的信息。

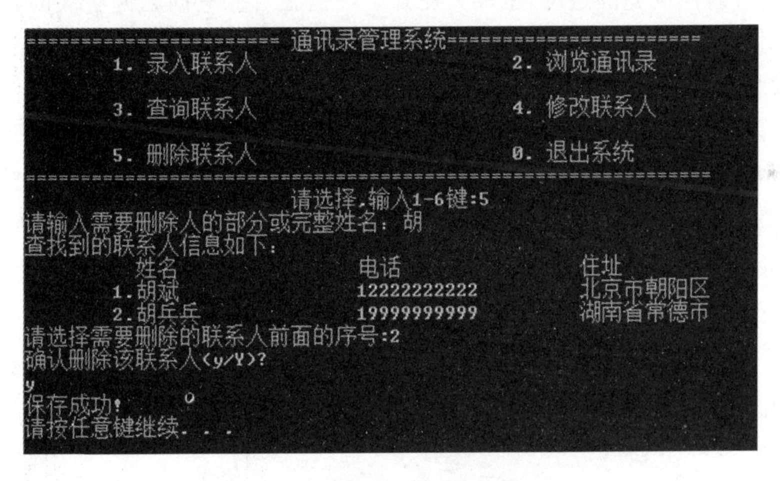

图 2-35　删除符合条件的联系人

执行删除操作后，回到系统主界面执行浏览通信录功能，显示界面如图 2-36 所示，表示该联系人已经被删除并将结果保存到了记录文件。

经测试后分析，删除联系人功能可按照需求先查找到符合条件的信息，供用户选择后再

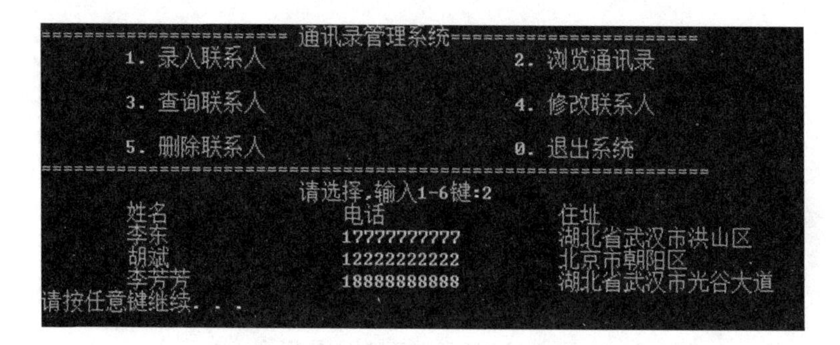

图 2-36　删除符合条件的联系人并将结果保存到记录文件

删除确定的联系人,并成功存盘,实现效果良好。

通过对各个主要功能的测试,系统整体测试正常,实现效果良好。

5. 系统设计小结

C语言是计算机编程的基础语言,作为一名工科学生,掌握C语言是必须的。在上C语言课之前,就经常听到同学们说,C语言很难学。确实,刚开始是觉得不知所云。但是,预习后面的内容后,前面的疑团就可迎刃而解,这可以让我对C语言的学习更有信心。计算机语言学习最重要的是上机操作,自己编写程序,在编译环境下运行。刚开始经常会出现错误,经过分析改正并运行成功后,就会特别激动。

课程设计是一个把需求分析、程序设计与编写、系统调试与测试、报告撰写结合为一体的过程。在课程设计过程中,不仅锻炼了我们缜密的思维和培养了我们的毅力,更发扬了团队协作的精神。只有大家一起努力,才能顺利完成课程设计的所有环节。另外,课程设计中我们遇到问题并解决问题的过程,也极大提升了我们独自探索问题并解决问题的能力。同时也让我们对程序编写的整个过程有了一个统筹全局的思想,因为需求分析、程序设计与编写、系统调试与测试、报告撰写这些过程是环环相扣的。

《C语言程序设计课程设计》是对《C语言程序设计》内容的全面测试。刚开始编写程序时,可能会经常出现一些低级错误,很多知识点也不熟悉。今后,大家一定要投入更多的精力学习C语言,以课本为基础,请教老师,与同学讨论,参考相关资料,上机操作,相信我们一定能把C语言学好。

6. 附录:通信录管理系统的开发

通信录管理系统的开发的参考代码如下。

```
#include "stdio.h"
#include "stdlib.h"
#include "string.h"
#include "conio.h"
#define NULL 0
void passwordCheck();
void menu();
void input();
```

```
void printAll(struct list*);
void searchByName(struct list*);
void searchByPhone(struct list*);
void modify(struct list*);
struct list*del(struct list*);
void save(struct list*);                    //单个节点存盘
void saveAll(struct list *head);            //所有节点存盘
struct list *load();
struct list
{
    char name[20];
    char phone[20];
    char address[60];
    struct list *next;
};
void main()
{
    int choice1,choice2;
    struct list *head;
    passwordCheck();
    while(1)
    {
        menu();
        printf("\t\t\t请选择,输入 1-6 键:");
        scanf("%d",&choice1);
        getchar();
        switch(choice1)
        {
        case 1:input();break;
        case 2:head=load();printAll(head);break;
        case 3:head=load();
            printf("\t1.按姓名查询            2.按电话号码查询 \n\n\n");
            printf("\t 请选择查询方式,输入 1-2 键:");
            scanf("%d",&choice2);
            getchar();
            if(choice2==1)
            {
                searchByName(head);
                break;
            }
            else
            {
```

```
                searchByPhone(head);
                break;
            }
        case 4:head=load();modify(head);break;
        case 5:head=load();head=del(head);break;
        case 0:exit(0);break;
        default:printf("\n 非法操作! \n");
        }
        system("pause");
        system("cls");
    }
}
void passwordCheck()                                        //密码验证
{
    char password[7];
    int  count=0,m=0;
    printf("\n\n\t\t\t********** 通信录管理系统 **********\n");
    printf("\n\t\t 请输入系统密码:");
    while(1)
    {
        while((count>=0)&&(password[count]=getch())!=13 )   //密码输入
        {
            count++;
            if(password[0]=='\b')
            {
                count=0;
                continue;
            }
            else if(password[count-1]=='\b')
            {
                printf("%c%c%c",'\b','\0','\b');
                count-=2;
            }
            else
                putchar('*');
        }
        password[count--]='\0';
        m++;
        if(strcmp(password,"123456")==0)                     //开始验证
        {
            system("cls");
            printf("欢迎登录通信录管理系统!");
```

```
            system("cls");
            break;
        }
        else
        {
            if(m<3)
            {
                system("cls");
                printf("\n\t\t密码错误,请重新输入:");
                count=0;
            }
            else
            {
                system("cls");
                printf("\n\t\t三次密码错误,请使用正确密码!\n\n");
                exit(1);
            }
        }
    }
}
void menu()
{
    printf("====================通信录管理系统====================\n");
    printf("  \t1.录入联系人                      2.浏览通信录 \n\n");
    printf("  \t3.查询联系人                      4.修改联系人  \n\n");
    printf("  \t5.删除联系人                      0.退出系统  \n");
    printf("====================================================\n");
}
void input()
{
    struct list *p;
    char choice;
    p=(struct list *)malloc(sizeof(struct list));
    printf("请输入姓名:");
    gets(p->name);
    printf("请输入电话号码:");
    gets(p->phone);
    printf("请输入家庭住址:");
    gets(p->address );
    p->next=NULL;
    printf("该联系人的信息如下:\n");
    printf("姓名:%s  电话号码:%s  家庭住址:%s\n",p->name,p->phone,p->address);
```

```
    printf("是否保存(y/Y)? \n");
    choice=getchar();
    if(choice=='y'||choice=='Y')
        save(p);
}
void printAll(struct list *head)
{
    struct list *p=head;
    if(head==NULL)
    {
        printf("没有任何联系人! \n");
        return ;
    }
    else
    {
        printf("\t%-20s%-20s%- 30s\n","姓名","电话号码","家庭住址");
        do
        {
            printf("\t%-20s%-20s%-30s\n",p->name,p->phone,p->address);
            p=p->next;
        }while(p->next!=NULL);
    }
}
void searchByName(struct list *head)
{
    struct list *p=head;
    char Name[20];
    int flag=0;
    if(head==NULL)
    {
        printf("没有任何联系人! \n");
        return ;
    }
    else
    {
        printf("请输入部分或完整姓名:");
        gets(Name);
        while(p!=NULL)
        {
            if(strstr(p->name,Name)!=NULL)
            {
                if(flag==0)
```

```
                    {
                        printf("查到的联系人信息如下:\n");
                        printf("\t%-20s%-20s%-30s\n","姓名","电话号码","家庭住址");
                    }

  printf("\t%-20s%-20s%-30s\n",p->name ,p->phone ,p->address);
                    flag=1;
                }
                p=p->next;
            }
        }
        if(flag==0)
            printf("没有查到该联系人!\n");
}
void searchByPhone(struct list *head)
{
    struct list *p=head;
    char Phone[20];
    int flag=0;
    if(head==NULL)
    {
        printf("没有任何联系人!\n");
        return ;
    }
    else
    {
        printf("请输入需要查询的电话号码:");
        gets(Phone);
        while(p!=NULL)
        {
            if(strstr(p->phone,Phone)!=NULL)
            {
                if(flag==0)
                {
                    printf("查到的联系人信息如下:\n");
                    printf("\t%-20s%-20s%-30s\n","姓名","电话号码","家庭住址");
                }
  printf("\t%-20s%-20s%-30s\n",p->name ,p->phone ,p->address);
                flag=1;
            }
            p=p->next;
        }
```

```
    }
    if(flag==0)
        printf("没有查到该联系人!\n");
}
void modify(struct list *head)
{
    struct list *p=head;
    struct list * q[50];     //最多查询到 50 条相同的记录
    char Name[20],choice;
    int i=0,j,k;
    if(head==NULL)
    {
        printf("没有任何联系人!\n");
        return;
    }
    else
    {
        printf("请输入部分或完整姓名:");
        gets(Name);
        while(p!=NULL)
        {
            if(strstr(p->name,Name)!=NULL)
            {
                q[++i]=p;
            }
          p=p->next;
        }
    }
    if(i==0)
        printf("没有查到该联系人!\n");
    else
    {
        for(j=1;j<=i;j++)
        {
            if(j==1)
            {
                printf("查到的联系人信息如下:\n");
                printf("\t  %-20s%-20s%-30s\n","姓名","电话号码","家庭住址");
            }

            printf("\t%d.%-20s%-20s%-30s\n",j,q[j]->name,q[j]->phone,q[j]->
address);
```

```
        }
        printf("请选择需要修改的联系人前面的序号:");
        scanf("%d",&k);
        getchar();
        printf("请输入姓名:");
        gets(q[k]->name);
        printf("请输入电话号码:");
        gets(q[k]->phone);
        printf("请输入家庭住址:");
        gets(q[k]->address );
        printf("该联系人的信息如下:\n");
        printf("姓名:%s  电话号码:%s  家庭住址:%s\n",q[k]->name,
q[k]->phone,q[k]->address);
        printf("是否保存(y/Y)?\n");
        choice=getchar();
        if(choice=='y'||choice=='Y')
            saveAll(head);
    }
}
struct list *del(struct list *head)
{
    struct list *p=head;
    struct list *q[50];//最多查询到50条相同的记录,q用来记录需要删除的节点的地址
    struct list *qBefore[50];//qBefore用来记录需要删除的节点的前一个节点地址
    char Name[20],choice;
    int i=0,j,k;
    if(head==NULL)
    {
        printf("没有任何联系人!\n");
        return head;
    }
    else
    {
        printf("请输入需要删除人的部分或完整姓名:");
        gets(Name);
        if(strstr(p->name,Name)!=NULL)     //若头节点是需要删除的联系人
        {
            q[++i]=p;
            printf("\n%s\n",p->name);
        }
        while(p->next!=NULL)
        {
```

```
            if(strstr(p->next->name,Name)!=NULL)
            {
                i++;
                qBefore[i]=p;
                q[i]=p->next;
            }
            p=p->next;
        }
    }
    if(i==0)
        printf("没有查找到该联系人!\n");
    else
    {
        for(j=1;j<=i;j++)
        {
            if(j==1)
            {
                printf("查找到的联系人信息如下:\n");
                printf("\t  %-20s%-20s%-30s\n","姓名","电话号码","家庭住址");
            }

  printf("\t%d.%-20s%-20s%-30s\n",j,q[j]->name,q[j]->phone,q[j]->address);
        }
        printf("请选择需要删除的联系人前面的序号:");
        scanf("%d",&k);
        getchar();
        printf("确认删除该联系人(y/Y)?\n");
        choice=getchar();
        if(choice=='y'||choice=='Y')
        {
            p=q[k];
            if(p==head)              //删除的为第一个节点
                head=p->next;
            else
                qBefore[k]->next =p->next ;
            free(p);
            saveAll(head);
        }
    }
    return head;
}
void save(struct list *p)            //单个节点信息存盘
```

```
{
    FILE *fp;
    if((fp=fopen("list.txt","ab"))==NULL)
    {
        printf("Can not open the file!\n");
        exit(0);
    }
    if(fwrite(p,sizeof(struct list),1,fp)==1)
        printf("保存成功!\n");
    fclose(fp);
}
void saveAll(struct list *head)    //所有节点信息存盘
{
    FILE *fp;
    struct list *p=head;
    if((fp=fopen("list.txt","wb"))==NULL)
    {
        printf("Can not open the file!\n");
        exit(0);
    }
    if(head==NULL)
        return;
    else
    {
        do
        {
            fwrite(p,sizeof(struct list),1,fp);
            p=p->next;
        }while(p->next!=NULL);
        printf("保存成功!\n");
    }
    fclose(fp);
}
struct list *load()                //将磁盘信息读入内存
{
    struct list *head=NULL,*p,*q;
    FILE *fp;
    int i=0;
    long length;
    p=q=(struct list *)malloc(sizeof(struct list));
    if((fp=fopen("list.txt","rb"))==NULL)
    {
```

```
        printf("Can not open the file! \n");
        exit(0);
    }
    fseek(fp,0,SEEK_END);            //定位到文件的最后面
    length =ftell(fp);
    rewind(fp);
    if(length==0)
        return head;
    while(! feof(fp))
    {
        fread(p,sizeof(struct list),1,fp);
        i++;
        if(i==1)
        {
            head=p;
            head->next=NULL;
        }
        else
            q->next=p;
        q=p;
        p=(struct list*)malloc(sizeof(struct list));
    }
    q->next=NULL;
    fclose(fp);
    return head;
}
```

课程设计选题

1. 职工信息管理系统的设计与实现

设计一个信息管理系统，对某单位的员工信息进行管理，员工的信息包括姓名、职工号、性别、年龄、学历、工资、家庭住址、联系电话等。该系统主要包含以下功能。

(1) 执行的选择菜单，并按照用户的选择执行相应的操作。

(2) 员工信息的动态录入。

(3) 员工信息的浏览。

(4) 员工信息的查询，查询方式包含按学历查询、按职工号查询、按电话号码查询。

(5) 员工信息的修改和删除。

基本要求如下。

(1) 系统可管理的员工数量在 1000 个以内，所有员工的信息需使用文件进行存储。

(2) 每个员工的职工号是唯一的，且在录入该员工其他信息时，由系统自动生成职工号，生成的范围为 2018000～2018999。

(3) 在员工信息的查询功能中，至少完成按照两种方式查询。

(4) 设计完成的系统要便于用户操作和使用，有清晰易懂的用户输入与操作提示界面，以及详细的输出结果。

(5) 开发系统的同时，要撰写课程设计报告，可包括系统设计的目的与意义、系统功能描述、系统详细设计及实现、系统性能测试和结果分析、系统设计小结、参考文献及附录等内容。

2. 通信录管理系统的开发

编写一个通信录程序，该程序具有查找、添加、修改、删除等功能。通信录包括姓名、电话号码和家庭住址，该系统主要包含下列功能。

(1) 提供执行的选择菜单，并按照用户的选择执行相应的操作。

(2) 创建通信录。

(3) 添加通信录，即在已有通信录的末尾填写新的信息。

(4) 查询联系人，按姓名(完整姓名或部分姓名)或按电话号码查询。

(5) 修改联系人的信息。

(6) 删除联系人。

(7) 显示通信录中的所有记录。

基本要求如下。

(1) 系统可管理的联系人在1000个以内,所有人员的信息需使用文件进行存储。

(2) 设计完成的系统要便于用户操作和使用,有清晰易懂的用户输入与操作提示界面,以及详细的输出结果。

(3) 开发系统的同时,要撰写课程设计报告,可包括系统设计的目的与意义、系统功能描述、系统详细设计及实现、系统性能测试和结果分析、系统设计小结、参考文献及附录等内容。

3. 学生信息管理系统的开发

设计一个信息管理系统,对学生的信息进行管理,学生信息至少包括学号、姓名、性别、计算机分数、数学分数、英语分数等,该系统主要包含以下功能。

(1) 提供执行的选择菜单,并按照用户的选择执行相应的操作。

(2) 学生信息录入功能。

(3) 学生信息浏览功能,并可以让用户选择按照不同科目的成绩或总分成绩由高到低进行浏览。

(4) 学生信息的查询功能,查询方式包含按学号查询和按姓名查询。

(5) 成绩排序统计功能:按照指定的科目对成绩进行统计,需要提供该门科目成绩的最高分、最低分、平均分、及格率及在五个分数段的学生人数比率([0,59],[60,69],[70,79],[80,89],[90,100])。

(6) 删除和修改学生的信息。

基本要求如下。

(1) 系统可管理的学生数量在500个以内,所有学生的信息需使用文件进行存储。

(2) 每个学生的学号是唯一的,且在录入该学生的其他信息时,由系统自动生成学号,生成的范围为180000~189999。

(3) 设计完成的系统要便于用户操作和使用,有清晰易懂的用户输入与操作提示界面,以及详细的输出结果。

(4) 开发系统的同时,要撰写课程设计报告,可包括系统设计的目的与意义、系统功能描述、系统详细设计及实现、系统性能测试和结果分析、系统设计小结、参考文献及附录等内容。

4. 学生选修课查询系统的开发

假定有100门课程,每门课程有课程编号、课程名称、课程性质、总学时、授课学时、实验或上机学时、学分、开课学期及课程的大致内容等信息,学生可查询这些课程的相关信息。试设计一个选修课查询系统,并包含以下功能。

(1) 提供执行的选择菜单,并按照用户的选择执行相应的操作。

(2) 课程信息录入功能。

(3) 课程信息浏览功能。

（4）按学分查询，按开课学期查询，按课程编号查询等。

（5）修改课程信息。

（6）删除课程。

基本要求如下。

（1）所有课程的信息需使用文件进行存储。

（2）每门课程的课程编号是唯一的，课程编号随机生成，范围为20001～20999。

（3）设计完成的系统要便于用户操作和使用，有清晰易懂的用户输入与操作提示界面，以及详细的输出结果。

（4）开发系统的同时，要撰写课程设计报告，可包括系统设计的目的与意义、系统功能描述、系统详细设计及实现、系统性能测试和结果分析、系统设计小结、参考文献及附录等内容。

5．图书信息管理系统的开发

试设计一个图书信息管理系统，对图书的信息进行管理，图书信息包括书名、作者名、ISBN、出版单位、出版年份、价格等。该系统主要包含以下功能。

（1）提供执行的选择菜单，并按照用户的选择执行相应的操作。

（2）图书信息录入功能。

（3）图书信息浏览功能。

（4）按书名查询，按作者名查询，按出版社查询，按出版年份查询等。

（5）修改图书信息。

（6）删除图书。

基本要求如下。

（1）系统可管理的图书在1000个以内，所有人员的信息需使用文件进行存储。

（2）设计完成的系统要便于用户操作和使用，有清晰易懂的用户输入与操作提示界面，以及详细的输出结果。

（3）开发系统的同时，要撰写课程设计报告，可包括系统设计的目的与意义、系统功能描述、系统详细设计及实现、系统性能测试和结果分析、系统设计小结、参考文献及附录等内容。

6．银行存取款管理系统的设计与实现

设计一个模拟银行存取款的功能，最多可以对5000个银行账号的信息进行管理。该系统主要包含以下功能。

（1）提供执行的选择菜单，并按照用户的选择执行相应的操作。

（2）客户信息的录入，包括账号、客户姓名、支取密码、客户地址、客户电话、账户总金额。

（3）每次存取款是一条记录，包括编号、日期、类别、存取数目、经办人。

(4) 能查询客户的基本信息,以及按照客户账号查询存取款记录。

(5) 输入客户账号可以修改该客户的信息。

基本要求如下。

(1) 所有客户的相关信息需使用文件进行存储。

(2) 每个客户的账号是唯一的,账号由系统随机生成,范围为62260001~62269999。

(3) 设计完成的系统要便于用户操作和使用,有清晰易懂的用户输入与操作提示界面,以及详细的输出结果。

(4) 开发系统的同时,要撰写课程设计报告,可包括系统设计的目的与意义、系统功能描述、系统详细设计及实现、系统性能测试和结果分析、系统设计小结、参考文献及附录等内容。

7. 员工工资管理系统的设计与实现

设计一个管理系统,对员工工资进行管理,每个员工信息是一条记录,包括工号、姓名、性别、出生年月、年龄、家庭住址、职称、月工资、工资级别情况等。该系统重点进行工资管理,主要包含以下功能。

(1) 提供执行的选择菜单,并按照用户的选择执行相应的操作。

(2) 能录入员工的相关信息,其中工资级别情况在输入工资后系统会自动计算,计算规则为:小于2500元为低收入,2501~6000元为一般收入,6001~8000元为较高收入,8001~12000元为高收入,大于12001元为极高收入。

(3) 系统登录后可统计所有员工的工资总额和平均工资。

(4) 可以查询工资在某个级别的员工名单。

(5) 可以按照工资由高到低或由低到高的顺序显示所有员工的信息。

(6) 可以对员工信息进行修改和删除(职工号不能修改)。

基本要求如下。

(1) 所有员工的信息需使用文件进行存储。

(2) 职工号是唯一的,由系统自动随机生成,范围为20001~20999。

(3) 设计完成的系统要便于用户操作和使用,有清晰易懂的用户输入与操作提示界面,以及详细的输出结果。

(4) 开发系统的同时,要撰写课程设计报告,可包括系统设计的目的与意义、系统功能描述、系统详细设计及实现、系统性能测试和结果分析、系统设计小结、参考文献及附录等内容。

8. 计算机辅助教学(CAI)软件的设计与实现

设计一个计算机辅助教学软件,可执行个位数、十位数、百位数的加、减、乘和除法运算。该软件主要包含以下功能。

(1) 屏幕上随机出现两个数,并提示小学生给出答案,答错了要提示重新输入,直到答对为止(减法不能得到负数,除法要除尽)。

（2）要统计得分，且得分可以累计，达到一定分数后可晋级，即从个位晋级到十位。同样，也可降级。以20题为统计题数，一次答对达90%以上时可晋级，继续执行更高位数的运算，否则降级。

（3）将当前晋级等级保存到磁盘文件，学生下次可按这个等级开始做题。

基本要求如下。

（1）将相关数据写入磁盘文件。

（2）设计完成的系统要便于用户操作和使用，有清晰易懂的用户输入与操作提示界面，以及详细的输出结果。

（3）开发系统的同时，要撰写课程设计报告，可包括系统设计的目的与意义、系统功能描述、系统详细设计及实现、系统性能测试和结果分析、系统设计小结、参考文献及附录等内容。

9. 学生考勤系统的设计与实现

设计一个管理系统，完成学生考勤的记录，每个学生是一条记录，包括姓名、学号、日期、节次、出勤情况等。本系统可模拟考勤过程记录考勤结果，主要包含以下功能。

（1）可以录入每个学生的基本信息和第一次考勤信息。当录入某学生的下一次考勤信息时，可在录入学号后，再次录入本次考勤信息（日期、节次、出勤情况）时系统直接将再次录入的信息附加到之前的信息之后。

（2）可以按学号或姓名进行查询。

（3）输入学号、日期、节次信息后可修改该条信息的内容。

（4）能够在课程结束后按照设定的考勤评分标准自动给出每个学生的考勤分数。

基本要求如下。

（1）所有学生的考勤信息需使用文件进行存储。

（2）学号是唯一的，由系统自动随机生成，范围为20180001～20189999。

（3）设计完成的系统要便于用户操作和使用，有清晰易懂的用户输入与操作提示界面，以及详细的输出结果。

（4）开发系统的同时，要撰写课程设计报告，可包括系统设计的目的与意义、系统功能描述、系统详细设计及实现、系统性能测试和结果分析、系统设计小结、参考文献及附录等内容。

10. 商店销售管理的设计与实现

设计一个管理系统，完成商店的销售管理任务。该系统主要包含以下功能。

（1）售货员输入商品编号、商品名称以及单价和库存量。

（2）当售货员输入商品编号或商品名称时，提示是否需要进货（当库存量少于10时提示进货），进货后商品库存相应增加。

（3）顾客购买商品时，售货员输入商品编号或者商品名称，可以生成销售清单，统计本次销售总的价格，同时库存数量相应减少（其中销售清单还要显示购买的时间，该时间为系统自动结账时的时间）。

(4) 可以增加新的商品或删除不需要的商品,以及统计每天的销售情况等。

基本要求如下。

(1) 所有的商品信息和销售信息需使用文件进行存储。

(2) 商品编号由工作人员输入,为10000~99999范围内的整数,不是同一种商品,其编号不能相同,否则会提示出错。

(3) 设计完成的系统要便于用户操作和使用,有清晰易懂的用户输入与操作提示界面,以及详细的输出结果。

(4) 开发系统的同时,要撰写课程设计报告,可包括系统设计的目的与意义、系统功能描述、系统详细设计及实现、系统性能测试和结果分析、系统设计小结、参考文献及附录等内容。

第三部分

测　　试

C 语言程序设计单元测试(1)

(数据类型,顺序结构,选择结构)

一、单项选择题。(每题 1 分,共 20 分)

1. 在 C 语言中,下列不正确的标识符是(　　)。

A. AB1　　B. 4AC　　C. _ab　　D. a2_

2. 已有定义语句 int a＝0,b＝1,c＝2;,则值为 0 的表达式是(　　)。

A. b％c＞＝c％b　　B. a！＝b＋c　　C. c＜＝＋＋b　　D. a＋＋＞＝b

3. 下列表示中,不是 C 语言合法的常量表示形式的是(　　)。

A. 13　　B. 13.　　C. 018　　D. 'a'

4. 下列不属于 C 语言关键字的是(　　)。

A. if　　B. int　　C. break　　D. scanf

5. 以下选项中,(　　)不是合法的 C 语言数据类型。

A. int　　B. long　　C. unsigned int　　D. bool

6. 以下不是算法特性的是(　　)。

A. 无穷性　　B. 一个或多个输入和至少一个输出

C. 确切性　　D. 有效性

7. 流程图中表示处理框的是(　　)。

A. 菱形框　　B. 矩形框　　C. 圆形框　　D. 圆角矩形框

8. 对 C 语言源程序执行过程描述正确的是(　　)。

A. 从 main()函数开始执行,到 main()函数结束

B. 从程序的第一个函数开始执行,到最后一个函数结束

C. 从 main()函数开始执行,到源程序的最后一个函数结束

D. 从第一个函数开始执行,到 main()函数结束

9. 下面(　　)表达式的值为 4。

A. 11/3　　B. 11.0/3　　C. (float)11/3　　D. (int)14.5/3

10. 设整型变量 a＝2,则执行下列语句后,浮点型变量 b 的值不为 0.5 的是(　　)。

A. b＝1.0/a　　B. b＝(float)(1/a)

C. b＝1/(float)a　　D. b＝1/(a＊1.0)

11. 用 scanf 输入双精度实型(double)数据,可使用(　　)格式限定符。

A. ％f　　B. ％lf　　C. ％d　　D. ％c

12. x为奇数时值为“真”，x为偶数时值为“假”的表达式是(　　)。

A. !(x%2==1)　　　　B. x%2==0

C. x%2　　　　D. !(x%2)

13. 若有定义和语句：int a=4,b=5,c=0,d;d=!a && !b||!c;，则d的值是(　　)。

A. 0　　B. 1　　C. -1　　D. 非0的数

14. 以下程序的运行结果是(　　)。

```
void main()
    {
    int i=0;
        if(i==0) printf("**");
        else printf("$");
    printf("*\n");
}
```

A. *　　B. $ *　　C. * *　　D. * * *

15. 判断char型变量ch是否为大写字母的正确表达式的是(　　)。

A. 'A'<=ch<='Z'　　　　B. (ch>='A')&(ch<='Z')

C. (ch>='A')&&(ch<='Z')　　　　D. ('A'<=ch)AND('Z'>=ch)

16. 判断整型变量digit是否为数字的正确表达式的是(　　)。

A. '0'<=ch<='9'　　　　B. (ch>='0')&(ch<='9')

C. (ch>='0')&&(ch<='9')　　　　D. ('0'<=ch)AND('9'>=ch)

17. 若有x=1,y=2,z=3，则表达式(x<y? x:y)==z的值是(　　)。

A. 1　　B. 2　　C. 3　　D. 0

18. 以下程序的输出结果是(　　)。

```
void main()
{
int a=12,b=12;
printf("%d %d\n",--a,++b);
}
```

A. 10　11　　B. 11　13　　C. 11　10　　D. 11　12

19. 以下语句：temp=x;x=y;y=temp;的功能是(　　)。

A. 将x、y、temp按照从小到大的顺序排列

B. 将x、y、temp按照从大到小的顺序排列

C. 交换x、y

D. 无确定的结果

20. 若x=5,y=3，则y*=x+5;y的值为(　　)。

A. 10　　B. 20　　C. 15　　D. 30

二、根据说明，将程序补充完整。（每空2分，共20分）

21. 从键盘输入两个实数，计算两个实数之和，并将其和保留小数点后两位有效数字输出。

```
(1)________________________________
void main()
{
    float x,y;
    (2)________________________________
    scanf("%f",&x);
    (3)________________________________
    sum=x+y;
    (4)________________________________
}
```

22. 从键盘输入一个球的半径，求其面积和体积，并将结果输出。

```
#include "stdio.h"
void main()
{
    float r,area,volume;
    (5)________________________________
    (6)________________________________
    {
        area=4*3.14*r*r;
        (7)________________________________
    printf("area=%f,volume=%f\n",area,volume);
    }
    else
        printf("半径输入错误!\n");
}
```

23. 从键盘输入两个整数，对其排序后，按照从小到大的顺序输出。

```
#include "stdio.h"
void main()
{
    int m,n,t;
    (8)________________________________
    (9)________________________________
    {
        t=m;
    (10)________________________________
```

```
        n=t;
    }
    printf("从小到大的顺序为%d,%d\n",m,n);
}
```

三、分析程序，写出程序的运行结果。（每题5分，共10分）

24. 现从键盘上输入－1，则程序的输出结果是多少。

```
#include <stdio.h>
void main()
    {
    int x,y;printf("Enter an integer(x):");
    scanf("%d",&x);
    if(x++<0)
        y=-1;
    else if(x==0)
        y=0;
    else
        y=1;
    printf("y=%d",y);
    }
```

25.

```
#include <stdio.h>
void main()
    {
    int x=1,y=0,a=0,b=0;
    switch(x)
    {
        case 1:
            switch(y)
            { case 0: a++;break;
            case 1:b++;break;
            } break;
        case 2:
            a++;b++;break;
        }
    printf("a=%d,b=%d\n",a,b);
}
```

四、程序设计题。（每题10分，共50分）

26. 已知三角形的三条边，求面积。假设输入的三条边能构成一个三角形，三角形的面积公式为 Area=sqrt(s(s-a)(s-b)(s-c)),其中 s=(a+b+c)/2。

27. 设有分段函数,从键盘输入 x 值,根据下列分段函数求出 y 的值,并将结果输出。

$$y=\begin{cases} 3x-3, & x>1 \\ 1, & x=1 \\ -2x-2, & x<1 \end{cases}$$

28. 输入三个整数,求出其数据和、最大值、最小值,并将结果输出。

29. 输入 a、b 的值,求方程 ax+b=0 的根,并将结果输出。

30. 从键盘输入一个年份判断是否为闰年,并将结果输出。

C语言程序设计单元测试(2)

(数据类型,顺序结构,选择结构)

一、单项选择题。(每题1分,共20分)

1. 以下说法正确的是(　　)。

A. 在C语言中,要调用的函数必须在main()函数中定义

B. C语言程序总是从第一个定义的函数开始执行

C. C语言程序中,main()函数必须放在程序的开始部分

D. C语言程序总是从main()函数开始执行

2. 下列关于C语言的说法,错误的是(　　)。

A. C程序的工作过程是编辑、编译、链接、运行

B. C语言不区分大小写

C. C程序的三种基本结构是顺序、选择、循环

D. C程序从main()函数开始执行

3. 下列C语言用户标识符中合法的是(　　)。

A. 3ax　　B. x　　C. case　　D. －e2

4. 下列四个选项中,正确的C语言标识符是(　　)。

A. %x　　B. a+b　　C. a123　　D. 123

5. 设单精度变量f、g的值均为5.0,则下面的表达式中,使f为10.0的表达式是(　　)。

A. f+=g　　B. f-=g+5　　C. f*=g-5　　D. f/=g*5

6. 设有以下程序片段,请问执行后变量i的值是(　　)。

```
int i;float f=10.5;i=((int)f)/2;
```

A. 5.0　　B. 5.5　　C. 6　　D. 5

7. 若有以下定义,则能使其为3的表达式是(　　)。

```
int k=7,x=12;
```

A. x%=(k%=5)　　B. x%=(k-k%5)

C. x%=k-k%5　　D. (x%=k)-(k%=5)

8. 设字符变量ch的值为'A',整型变量m的值为'1',假定执行ch=getchar();,m=getchar();时,从键盘输入B后回车,则变量ch和m的值分别为(　　)。

A. 'A'和'1'　　B. 'B'和'1'　　C. 'B'和' '　　D. 'B'和'\n'

9. 在 printf()函数的使用中，以下叙述错误的是（　　）。

A. 可以一次输出多个数据项，如 printf("%f,%f",x,y)；

B. 可以输出常量，如 printf("%d",123)；

C. 格式控制部分可以规定小数点后面的位数，如 printf("%4.2f",x)；

D. 可以使用%c 控制输出一个字符串，如 printf("%c","China")；

10. 能正确表示 a 和 b 同时为正或同时为负的逻辑表达式是（　　）。

A. (a>=0||b>=0)&&(a<0||b<0)

B. (a>=0&& b>=0)&&(a<0 && b<0)

C. (a+b>0)&& (a+b<=0)

D. a * b>0

11. 能正确表示逻辑关系“a>=10 或 a<=0”的 C 语言表达式是（　　）。

A. a>=10 or a<=0　　B. a>=0|a<=10

C. a>=10 && a<=0　　D. a>=10 || a<=0

12. 如果 c 为字符型变量，判断 c 是否为空格，则不能使用（　　）（假设已知空格 ASCII 码为 32）。

A. if(c=='32')　　B. if(c==32)

C. if(c=='\40')　　D. if(c==' ')

13. 已知 a、b、c 的值分别是 1、2、3，则执行下列语句后，a、b、c 的值分别是（　　）。

```
if (a++<b){c=a;a=b;b=c;}
else a=b=c=0;
```

A. 0、0、0　　B. 1、2、3　　C. 1、2、1　　D. 2、2、2

14. C 语言程序的基本结构中，不包含（　　）。

A. 函数结构　　B. 循环结构　　C. 顺序结构　　D. 分支结构

15. 设有整型变量 m 的值为 8，经过下列运算后，m 的值为 16 的是（　　）。

A. m+8　　B. m *=2　　C. m+m+=4　　D. m * m+m--=4

16. 运行下列程序，输出的结果是（　　）。

```
void main()
    {
        char ch='B';
        printf("%c%d",ch,ch++);
    }
```

A. C65　　B. B65　　C. B66　　D. C66

17. 表达式 18/4 * sqrt(4.0)/8 值的数据类型为（　　）。

A. double　　B. float　　C. int　　D. 不确定

18. 已有定义语句:int x=3,y=4,z=5;,则值为 0 的表达式是(　　)。

A. x>y++　　　　B. x<=++y

C. x!=y+z>y-z　　　　D. y%z>=y-z

19. 已有定义语句:int x=3,y=0,z=0;,则值为 0 的表达式是(　　)。

A. x && y　　　　B. x||z

C. x||z+2 && y-z　　　　D. !((x<y) && !z||y)

20. 设有以下程序片段,请问执行后的输出结果是(　　)。

```
int i=010,j=10,k=0x10;printf("%d,%d,%d",k,j,i);
```

A. 16,10,8　　B. 8 10 16　　C. 10,10,10　　D. 8,10,16

二、根据说明,将程序补充完整。(每空 2 分,共 20 分)

21. 输入 x 的值,根据下列分段函数计算 y 的值,并将 y 值保留小数点后三位有效数字输出。

$$y=\begin{cases}x^2+10, & x<2\\ 2x-1, & x\geqslant 2\end{cases}$$

```
#include "stdio.h"
void main()
{
    double x,y;
    ____(1)____
    ____(2)____
    y=x*x+10;
    else
        ____(3)____
    ____(4)____
}
```

22. 已知一个圆的半径为 5,求它的周长和面积,并将结果输出。

```
#include "stdio.h"
void main()
{
    int r=5;
    ____(5)____
    length=2*3.14*r;
    ____(6)____
    printf("length=%f,area=%f\n",length,area);
}
```

23. 从键盘输入一个 100~999 范围内的正整数,求其各个位数上的数字之和并输出。

```
#include "stdio.h"
void main()
{
    int m,sum;
    int a,b,c;
    ___(7)_______________________
    ___(8)_______________________
    ___(9)_______________________
    ___(10)______________________
    sum=a+b+c;
    printf("sum=%d\n",sum);
}
```

三、分析程序，并写出程序的运行结果。（每题 5 分，共 10 分）

24.

```
#include <stdio.h>
void main()
{
int a,b;
a=100;
b=a>100?a+100:a+200;
printf("%d,%d",a,b);
}
```

25.

```
#include <stdio.h>
void main()
{
    int a=32,b=81,p,q;
    p=a++;
    q=--b;
    printf("%d %d\n",p,q);
    printf("%d %d\n",a,b);
}
```

四、程序设计题。（每题 10 分，共 50 分）

26. 在购买某商品时，商品价格随团购的购买人数而定。现从键盘输入团购人数及应付款数，求出最终实付款数并输出。求解过程应遵循的规则：如果团购人数为 10 人以上，则商品价格为实际价格的 9 折；否则，商品按原价出售。

27. 输入一个 1～7 之间的整数，并输出该数对应的是星期几。

28. 从键盘上输入字符，若为小写字母，则输出其对应的大写字母，并负责将该字符原样输出。

29. 输入 a、b、c 的值，求方程 ax * x + bx + c = 0 的根，并将结果输出（假设 a 不会等于 0）。

30. 货物征税问题。价格在 10000 元以上的按所有货物总价的 5%征税，价格在5000～10000 元以内的按所有货物总价的 3%征税，价格在 1000～5000 元以内的按所有货物总价的 2%征税，价格在 1000 元以下的免税，输入货物价格，计算并输出税金。

C 语言程序设计单元测试(3)

(循环结构,数组)

一、单项选择题。(每题 1 分,共 20 分)

1. 若有以下程序段:

```
int k=0;
while(k)
k++;
```

则 while 循环体执行的次数是(　　)。

A. 无限次　　B. 有语法错,不能执行

C. 一次也不执行　　D. 执行一次

2. 设有数组定义 char array[]="China";,则数组 array 所占的空间为(　　)。

A. 4 个字节　　B. 5 个字节　　C. 6 个字节　　D. 7 个字节

3. 若有说明 int a[10];,则对 a 数组元素的正确引用是(　　)。

A. a[0]　　B. a[3.5]　　C. a[-5]　　D. a[10]

4. 为了判断两个字符串 s1 和 s2 是否相等,应当使用(　　)。

A. if (s1==s2)　　B. if (strcmp(s1,s2)==0)

C. if (strcpy(s1,s2))　　D. if (s1=s2)

5. while(!x)语句中的!x 与下面条件表达式等价的是(　　)。

A. x!=0　　B. x==1　　C. x!=1　　D. x==0

6. 下面程序的输出结果是(　　)。

```
void main()
{   int s,k;
    for(s=1,k=2;k<5;k++)
    s+=k;
    printf("%d\n",s);
}
```

A. 1　　B. 9　　C. 10　　D. 15

7. 以下叙述正确的是(　　)。

A. do...while 语句构成的循环不能用其他语句构成的循环来代替

B. do...while 语句构成的循环只能用 break 语句退出

C. 用 do...while 语句构成的循环,在 while 后的表达式为非零时结束循环

D. 用 do...while 语句构成的循环,在 while 后的表达式为零时结束循环

8. 以下程序段中描述正确的是(　　)。

```
int x=-1;
do
{
    x=x*x;
} while (!x);
```

A. 是死循环　　　　B. 循环执行两次

C. 循环执行一次　　　　D. 有语法错误

9. 下列语句段中不是死循环的是(　　)。

A. i=100;while(1){i=i%100+1;if (i==20) break;}

B. for (i=1;;i++) sum=sum+1;

C. k=0; do {++k;} while (k<=0);

D. s=3379; while (s++%2+3%2) s++;

10. 执行下面程序片段的结果是(　　)。

```
int x=0;
    do
{
    printf("%2d",x--);
} while(x);
```

A. 打印出 321　　　　B. 打印出 23

C. 打印出不确定结果　　　　D. 陷入死循环

11. 下面程序描述正确的是(　　)。

```
void main()
{
    int x=3;
do
{
    printf("%d\n",x-=2);
}while(!(--x));
}
```

A. 输出的是 1　　　　B. 输出的是 1 和 -2

C. 输出的是 3 和 0　　　　D. 是死循环

12. 有以下程序段:

```
inti,j;
```

```
for(i=0;i<5;++i)
    for(j=i;j<5;++j)
        printf("*");
```

则执行以上的程序片段后,输出'*'的个数是(　　)。

A. 15　　B. 10　　C. 25　　D. 20

13. 有以下程序段:

```
int i,j;
i=0;j=0;
while(i++<5)
    {
    j=0;
    do
    {
        printf("* ");
    }while(++j<4);
}
```

则执行以上的程序片段后,输出'*'的个数为(　　)。

A. 15　　B. 10　　C. 25　　D. 20

14. 以下程序的输出结果是(　　)。

```
#include <stdio.h>
void main()
{
int i;
for(i=1;i<=5;++i)
{
if(i%2)
    printf("*");
else
    continue;
printf("#");
}
printf("$");
}
```

A. *#*#*#$　　B. #*#*#*$

C. *#*#$　　D. #*#*$

15. 合法的数组说明语句是(　　)。

A. int a[]= "string";

B. int a[5]= {0,1,2,3,4,5};

C. char a = "string";

D. char a[]= {0,1,2,3,4,5};

16. 调用 strlen("abcd\0ef\0g")的返回值为(　　)。

A. 4　　B. 5　　C. 8　　D. 9

17. 以下程序的输出结果是(　　)。

```
void main()
{
int a[4][4]={{1,3,5},{2,4,6},{3,5,7}};
printf("%d%d%d%d\n",a[0][3],a[1][2],a[2][1],a[3][0]);
}
```

A. 0650　　B. 1470　　C. 5430　　D. 输出值不定

18. 以下程序的输出结果是(　　)。

```
void main()
{
int m[][3]={1,4,7,2,5,8,3,6,9};
int i,j,k=2;
for(i=0;i<3;i++)
{
printf("%d",m[k][i]);
}
}
```

A. 4　5　6　　B. 2　5　8　　C. 3　6　9　　D. 7　8　9

19. 若有定义 int aa[8];,则不能代表数组元素 aa[1]地址的是(　　)。

A. &aa[0]+1　　B. &aa[1]　　C. &aa[0]++　　D. aa+1

20. 若二维数组 y 有 m 列,则排在 y[i][j]前的元素个数为(　　)。

A. j*m+I　　B. i*m+j　　C. i*m+j-1　　D. i*m+j+1

二、根据说明,将程序补充完整。(每空 2 分,共 20 分)

21. 从键盘输入 10 个整数,求最大值及其平均值,并将结果输出。

```
#include "stdio.h"
void main()
{
    int i,m,max,sum;
    ___(1)___________________________
    ___(2)___________________________
    scanf("%d",&m);
    sum+=m;
    max=m;
```

```
    for(i=1;i<10;i++)
    {
        scanf("%d",&m);
        sum+=m;
        if(m>max)
            ___(3)___
    }
    ___(4)___
    printf("max=%d,average=%.2f\n",max,average);
}
```

22. 编程计算 1 * 3 * 5 * 7 * … * 13 的值,并将结果输出。

```
#include "stdio.h"
void main()
{
    int i;
    long t;
    ___(5)___
    ___(6)___
        t=t*i;
    ___(7)___
}
```

23. 输入 4 个字符串,找出最大的那个串,并将结果输出。

```
#include "stdio.h"
void main()
{
    int i;
    char str[4][100],max[100];
    for(i=0;i<4;i++)
        ___(8)___
    ___(9)___
    for(i=1;i<4;i++)
        ___(10)___
strcpy(max,str[i]);
    printf("max=%s\n",max);
}
```

三、分析程序,写出程序的运行结果。(每题 5 分,共 10 分)

24.

```
#include "stdio.h"
```

```
void main(void)
{
    int i,a=0;
    for(i=1;i<5;i++)
    {
        switch(i)
        {
        case 0:
        case 3:a+=2;
        case 1:
        case 2: a+=3;
        default:a+=5;
        }
    }
    printf("a=%d",a);
}
```

25. 输入数据 1 2 3 4 5 6 7 8 9 10,分析程序的运行结果。

```
main()
{
int i,a[10];
for(i=0;i<10;i++)
     scanf("%d",&a[i]);
while(i>0)
    {
        printf("%3d",a[--i]);
        if(!(i%5))
        putchar('\n');
    }
}
```

四、程序设计题。(每题 10 分,共 50 分)

26. 使用循环求表达式 $t=-1/3+1/5-1/7+1/9-\cdots-1/(4*n-1)+1/(4*n+1)$ 的结果并输出,保留小数点后两位输出:n 值为用户输入的大于 1 的整数。

27. 使用循环判断并输出 3～500 以内的所有素数,每行输出 10 个数据。

28. 输入 8 个实数,对其进行排序后,按照从小到大的顺序将其输出。

29. 输入一个字符串(最多有 100 个字符),统计其中元音字母的个数。

30. 定义一个三行四列的整型数组,再从键盘输入其所有元素的值,求出其最外围所有元素的和,并将结果输出。

C语言程序设计单元测试(4)

(循环结构,数组)

一、单项选择题。(每题1分,共20分)

1. for(i=0;i<10;i++);结束后i的值是(　　)。

A. 9　　B. 10　　C. 11　　D. 12

2. 有以下程序段:

```
int k=0;
while(k=1) k++;
```

循环执行的次数为(　　)。

A. 无限次　　B. 有语法错误,不能执行

C. 一次也不执行　　D. 执行一次

3. 有以下程序片段,请问执行后的输出结果是(　　)。

```
int i;
for(i=1;;i++);
printf("%d",i++);
```

A. 1　　B. 2

C. 3　　D. 陷入死循环,无输出结果

4. 下面有关for语句的说法中,正确的是(　　)。

A. 任何情况下,for语句的三个表达式一个都不能少

B. for语句中的循环体至少会被执行一次

C. for语句只能用于循环次数已经确定的情况下

D. for语句中的循环体可以是复合语句

5. 下面的程序段不能实现求阶乘8!(8!=1*2*3*4*5*6*7*8,结果存放在p中)的是(　　)。

A. p=1;for(i=1;i<9;i++)
　　p=p*i;

B. p=2;
for(i=8;i>3;i--)
　　p=p*i;

C. p=1;i=1;
while(i<9)

D. p=1;i=8;
do

```
        p=p*i++;                        {p=p*i--;}
                                        while(i>1);
```

6. 有下列程序段：

```
char ch;
int s=0;
for(ch='A';ch<'Z';++ch)
    if(ch%2==0)s++;
printf("%d",s);
```

则执行上述片段后，程序的输出结果是(　　)。

A. 13　　B. 12　　C. 26　　D. 25

7. t为int类型，进入下面的循环之前，t的值为0，则以下叙述中正确的是(　　)。

```
while(t=1)
{……}
```

A. 循环控制表达式的值为0　　B. 循环控制表达式不合法

C. 循环控制表达式的值为1　　D. 以上说法都不对

8. 若有以下语句，则正确的描述是(　　)。

```
char x[]="12345";
char y[]={'1','2','3','4','5'};
```

A. x数组和y数组的长度相同

B. x数组的长度大于y数组的长度

C. x数组的长度小于y数组的长度

D. x数组等价于y数组

9. 以下对一维数组a的正确说明是(　　)。

A. char a(10);　　B. int a[];

C. int k=5,a[k];　　D. char a[3]={"a","b","c"};

10. C语言中，数组名代表(　　)。

A. 数组全部元素的值　　B. 数组首地址

C. 数组第一个元素的值　　D. 数组元素的个数

11. 以下对一维整型数组a的正确说明是(　　)。

A. int a(10);

B. int n=10,a[n];

C. int n;scanf("%d",&n);int a[n];

D. #define SIZE 10
   int a[SIZE];

12. 若有以下程序段：char s[10];s="abcd";printf("%s\n",s);，则结果是(以下u代

表空格)(　　)。

A. 输出 abcd　　　　B. 输出 a

C. 输出 abcduuuuuu　　　　D. 编译不通过

13. 假定一个 int 型变量占用两个字节，若有定义 int x[10]={0,2,4};，则数组 x 在内存中所占用的字节数是(　　)。

A. 3　　B. 6　　C. 10　　D. 20

14. 以下程序的输出结果是(　　)。

```
void main()
{ int a[4][4]={{1,3,5},{2,4,6},{3,5,7}};
    printf("%d%d%d%d\n",a[0][3],a[1][2],a[2][1],a[3][0]);
}
```

A. 0650　　B. 1470　　C. 5430　　D. 输出值不定

15. 对以下说明语句的正确理解是(　　)。

```
int a[10]={6,7,8,9,10};
```

A. 将 5 个初值依次赋给 a[1]至 a[5]

B. 将 5 个初值依次赋给 a[0]至 a[4]

C. 将 5 个初值依次赋给 a[6]至 a[10]

D. 因为数组长度与初值的个数不相同，所以此语句不正确

16. 下面程序如果只有一个错误，那么是(每行程序前面的数字表示行号)(　　)。

```
1 main()
2 {
3     float a[3]={3*0};
4     int i;
5     for(i=0;i<4;i++) scanf("%d",&a[i]);
6     for(i=1;i<3;i++) a[0]=a[0]+a[i];
7     printf("%d\n",a[0]);
8 }
```

A. 第 3 行有错误　　　　B. 第 7 行有错误

C. 第 5 行有错误　　　　D. 没有错误

17. 以下对二维数组的定义中，正确的是(　　)。

A. int a[4][]= {1,2,3,4,5,6};

B. int a[][3];

C. int a[][3]= {1,2,3,4,5,6};

D. int a[][]= {{1,2,3},{4,5,6}};

18. 若有说明 int a[][4]={1,2,3,4,5,6,7,8,9}，则数组第一维的大小为(　　)。

A. 2　　B. 3　　C. 4　　D. 不确定的值

19. 有以下程序片段，请问执行后的输出结果是(　　)。

```
char a[6]={'a','b','c','\0','d','e'};
printf("%s",a);
```

A. abc　　B. abcde　　C. abcde　　D. 出错，无输出结果

20. 若有以下程序段，请问数组 str 所占据内存空间的字节数是(　　)个。

```
char str[20]="I am OK!";
```

A. 20　　B. 6　　C. 8　　D. 7

二、根据说明，将程序补充完整。(每空 2 分，共 20 分)

21. 从键盘输入 10 个整数，将其按照逆序存放，并将结果输出。

```
#include "stdio.h"
void main()
{
    int i,a[10],t;
    for(i=0;i<10;i++)
        ____(1)____
    for(i=0;i<10;i++)
        printf("%d",a[i]);
    printf("\n");
    ____(2)____
    {
        ____(3)____
        a[i]=a[9-i];
        ____(4)____
    }
    for(i=0;i<10;i++)
        printf("%d",a[i]);
    printf("\n");
}
```

22. 判断 74～10000 之间是否有能被 73 整除的数，如果有，则输出“第一个被整除的数”，如果没有，则输出“没有能被 73 整除的数”的提示信息。

```
#include "stdio.h"
void main()
{
    int i;
    int flag=0;
```

```
    ____(5)________________________________
        if(i%73==0)
        {
            ____(6)________________________________
            break;
        }
    if(flag==1)
        ____(7)________________________________
    else
        printf("没有能被 73 整除的数\n");
}
```

23. 输入一个字符串(长度不超过 100),将该字符串中所有的英文字符复制到另外一个新的字符串,然后将新的字符串输出。

```
#include "stdio.h"
void main()
{
    char str1[100],str2[100];
    int i,j=0;
    gets(str1);
    printf("str1:");
    puts(str1);
    for(i=0;str1[i];i++)
    {
        ____(8)________________________________
        {
            str2[j]=str1[i];
            j++;
        }
    }
    ____(9)________________________________
    printf("str2:");
    ____(10)_______________________________
}
```

三、分析程序,写出程序的执行结果。(每题 5 分,共 10 分)

24.

```
#include "stdio.h"
void main(void)
{
```

```
    int y=10;
    for(;y> 0;y--)
        if(y%3==0)
        {
            printf("y=%d",--y);
            continue;
        }
}
```

25.

```
#include "stdio.h"
void main()
{
    int m[][3]={1,4,7,2,5,8,3,6,9};
    int i,j,k=2;
    for(i=0;i<3;i++)
    {
        printf("%d",m[k][i]);
    }
}
```

四、程序设计题。(每题 10 分,共 50 分)

26. 输入 8 个整型元素,求最大值和最小值,最后将 8 个元素本身、最大值和最小值输出。

27. 输入一个串字符,直到读到句号为止,记录下这串字符中是字母或是数字的所有字符,然后把这些字符按与输入相反的次序输出。

28. 输入 5 个整数,对其进行排序后,按照从大到小的顺序将其输出。

29. 打印所有的“水仙花数”。所谓“水仙花数”,是指一个三位数,其各位数字的立方和等于该数本身。例如,153 是“水仙花数”,因为 153=1*1*1+3*3*3+5*5*5。

30. 定义一个三行三列的整型数组,并从键盘输入其所有元素的值,求出其主对角线上的元素之和,并将结果输出(提示:主对角线上的元素即行标和列标相等的元素)。

C 语言程序设计单元测试(5)

(函数,指针,结构体,文件)

一、单项选择题。(每题 1 分,共 20 分)

1. 以下所列的各函数首部中,正确的是(　　)。

A. void play(var:Integer,var b:Integer)

B. void play(int a,b)

C. void play(int a,int b)

D. Sub play(a as integer,b as integer)

2. 在调用函数时,如果实参是简单变量,则它与对应形参之间的数据传递方式是(　　)。

A. 地址传递

B. 单向值传递

C. 由实参传给形参,再由形参传回实参

D. 传递方式由用户指定

3. 以下程序有语法性错误,有关错误原因的正确说法是(　　)。

```
int main()
{
    int G=5,k;
    void prt_char();
    k=prt_char(G);
}
```

A. 语句 void prt_char();有错,它是函数调用语句,不能用 void 说明

B. 变量名不能使用大写字母

C. 函数说明和函数调用语句之间有矛盾

D. 函数名不能使用下划线

4. 一个函数的返回值类型由(　　)确定。

A. return 语句中的表达式　　B. 调用函数的类型

C. 系统默认的类型　　D. 该函数的类型

5. 以下描述错误的是(　　)。

A. 函数的调用可以出现在执行语句中

B. 函数的调用可以出现在一个表达式中

C. 函数的调用可以作为一个函数的实参

D. 函数的调用可以作为一个函数的形参

6. 有以下程序：

```
#include <stdio.h>
void p(int x,int y)
{
    y=x+y;
    printf("%d,%d\n",x,y);
}
void main()
{
    int a,b;
    a=5;b=8;p(a,b);p(a+b,a);
    p(a/b,b);
}
```

则执行上述程序后的输出是(　　)。

A. 5,13	B. 5,13	C. 5,13	D. 5,13
13,18	18,5	18,5	18,23
0,8	1,13	1,14	1,13

7. 变量的指针,其含义是指该变量的(　　)。

A. 值　　B. 地址　　C. 名　　D. 一个标志

8. 若有语句 int * point,a=4;和 point=&a;,则下面均代表地址的一组选项是(　　)。

A. a,point, * &a　　B. & * a,&a, * point

C. * &point, * point,&a　　D. &a,& * point,point

9. 若有说明;int * p,m=5,n;,则以下正确的程序段是(　　)。

A. p=&n;scanf("%d",&p);　　B. p=&n;scanf("%d", * p);

C. scanf("%d",&n); * p=n;　　D. p=&n; * p=m;

10. 分析以下程序,下列说法中正确的是(　　)。

```
void main()
{
    int a=100;
    int *p=&a;
}
```

A. 指针变量的名称为 * p　　B. * p 的值为 &a

C. p 的值为 a　　D. p 也是一个变量,其本身也要占据内存空间

11. 有以下程序段

```
int a[10]={1,2,3,4,5,6,7,8,9,10},*p=&a[3],b;b=p[5];
```

b 中的值是(　　)。

A. 5　　B. 6　　C. 8　　D. 9

12. 若有以下定义,则对 a 数组元素的正确引用是(　　)。

```
int a[5],*p=a;
```

A. *&a[5]　　B. a+2　　C. *(p+5)　　D. *(a+2)

13. 若有以下定义,则 p+5 表示(　　)。

```
int a[10],*p=a;
```

A. 元素 a[5]的地址　　B. 元素 a[5]的值

C. 元素 a[6]的地址　　D. 元素 a[6]的值

14. 设已有定义:

```
int a[10]={15,12,7,31,47,20,16,28,13,19},*p;
```

下列语句中正确的是(　　)。

A. for(p=a;a<(p+10);a++);　　B. for(p=a;p<(a+10);p++);

C. for(p=a,a=a+10;p<a;p++);　　D. for(p=a;a<p+10;++a);

15. 有以下程序段:

```
#include <stdio.h>
int main()
{
    int x[] ={10,20,30};
    int *px =x;
    printf("%d,",++*px);
    printf("%d,",*px);
    px =x;
    printf("%d,",(*px)++);
    printf("%d,",*px);
    px =x;
    printf("%d,",*px++);
    printf("%d,",*px);
    px =x;
    printf("%d,",*++px);
    printf("%d\n",*px);
    return 0;
}
```

程序运行后的输出结果是(　　)。

A. 11,11,11,12,12,20,20,20　　B. 20,10,11,10,11,10,11,10

C. 11,11,11,12,12,13,20,20　　　　D. 20,10,11,20,11,12,20,20

16. 若有说明 int a=2, *p=&a, *q=p;,则以下非法的赋值语句是(　　)。

A. p=q;　　B. *p=*q;　　C. a=*q;　　D. q=a;

17. 定义以下结构体类型(若 int 型占据 4 个字节的内存空间):

```
struct s
{
    int a;
    char b;
    float f;
};
```

则语句 printf("%d",sizeof(struct s))的输出结果为(　　)。

A. 12　　B. 9　　C. 13　　D. 24

18. 运行下列程序段,输出的结果是(　　)。

```
struct country
{
    int num;
    char name[10];
}x[5]={1,"China",2,"USA",3,"France",4,"England",5,"Spanish"};
    struct country *p;
    p=x+2;
    printf("%d,%c",p->num,(*p).name[2]);
```

A. 3,a　　B. 4,g　　C. 2,U　　D. 5,S

19. 设有以下说明语句,则下面叙述正确的是(　　)。

```
typedef struct
{
    int a;
    float b;
}stutype;
```

A. stutype 是结构体变量名　　B. stutype 是结构体类型名

C. struct 是结构体类型名　　D. typedef struct 是结构体类型名

20. fscanf()函数的正确调用形式是(　　)。

A. fscanf(文件指针,格式字符串,输出列表)

B. fscanf(格式字符串,输出列表,文件指针);

C. fscanf(格式字符串,文件指针,输出列表);

D. fscanf(文件指针,格式字符串,输入列表);

二、根据说明，将程序补充完整。（每空 2 分，共 20 分）

21. 在主函数中输入 6 个整型数据，并输入一个待查找的数据，定义子函数判定该数据是否在输入的数据序列中，在主函数中输出判定结果（假定输入的 6 个数据不重复）。

```
#include "stdio.h"
  (1)
void main()
{
    int a[6],m,i,result;
    printf("依次输入 6 个整数:");
    for(i=0;i<6;i++)
        scanf("%d",&a[i]);
    printf("输入待查找的一个整数:");
    scanf("%d",&m);
      (2)
    if(result==1)
        printf("%d 在该序列中。\n",m);
    else
        printf("%d 不在该序列中。\n",m);
}
int found(int a[6],int m)
{
    int i,flag=0;
    for(i=0;i<6;i++)
        if(a[i]==m)
        {
              (3)
            break;
        }
      (4)
}
```

22. 下面程序的功能是从输入的 10 个字符串中找出最长的那个串并输出。

```
#include "stdio.h"
  (5)
#define N 10
void main()
{
    char s[10][100], *t;
    int j;
    for (j=0; j<10; j++)
          (6)
```

```
    t=*s;
    for (j=1; j<10; j++)
         if (strlen(t)<strlen(s[j]))
         ____(7)____________________________________
    printf("the max length of ten strings is:%d,%s\n",strlen(t),t);
}
```

23. 输出年龄最大的那个人的姓名和年龄。

```
#include "stdio.h"
struct man
{
    char name[20];
    int  age;
}person[]={{"LiMing",18},{"WangHua",19},{"ZhangPing",20}};
void main()
{
    struct man *p,*q;
    int old=0;
        ____(8)____________________________________
        if(old<p->age)
        {
            q=p;
        ____(9)____________________________________
        }
        ____(10)___________________________________
}
```

三、分析程序，写出程序的运行结果。（每题 5 分，共 10 分）

24.

```
#include <stdio.h>
int sub(int s[],int x)
{
    int t=3;
    x=s[t];
    t--;
    return(x);
}
void main()
{
    int a[]={1,2,3,4},i;
    int x=0;
```

```
        for(i=0;i<4;i++)
        {
        x=sub(a,x);
        printf("%d",x);
        }
    printf("\n");
}
```

25.

```
#include "stdio.h"
charfun(char ch)
{
    if (ch>='A' && ch<='Z')
        ch=ch-'A'+'a';
    return ch;
}
void main()
{
    char s[]="ABC+abc=defDEF",*p=s;
    while(*p)
    {
        *p=fun(*p);
        p++;
    }
    printf("%s\n",s);
}
```

四、程序设计题。(每题 10 分，共 50 分)

26. 在主函数中输入一个整数，在子函数中判定该数据的奇偶性，将判定结果在主函数中输出。

27. 在主函数中输入 10 个整数，定义子函数求这 10 个数据的和，将结果在主函数中输出。

28. 在主函数中输入一个字符串(长度不超过 100)，在子函数中统计该字符串中字符'X'的个数，然后在主函数中将结果输出。

29. 在主函数中输入一个字符串(长度不超过 100)及一个整型值 m，定义子函数将该字符串中的第 m 个字符开始的全部大写字母复制到另一个字符串中，并将结果在主函数中输出。

30. 定义一个结构体数据类型，用来描述我校图书馆中图书的基本信息，信息包含书号(可能包含字母)、书名、图书价格、出版年份。在主函数中定义一个结构体数组，从键盘输入 4 本图书的基本信息并存放到结构体数组中，然后将这些图书的基本信息输出。

C 语言程序设计单元测试(6)

(函数,指针,结构体,文件)

一、单项选择题。(每题 1 分,共 20 分)

1. 若已定义的函数均有返回值,则以下关于该函数调用的叙述中错误的是(　　)。

A. 函数调用可以作为独立的语句存在　　B. 函数调用可以作为一个函数的实参

C. 函数调用可以出现在表达式中　　D. 函数调用可以作为一个函数的形参

2. 下列函数头部定义形式正确的是(　　)。

A. int f(int x;int y)　　B. int f(int x,y)

C. int f(int x,int y)　　D. int f(x,y:int)

3. 关于函数参数,说法正确的是(　　)。

A. 实参与其对应的形参各自占用独立的内存单元

B. 实参与其对应的形参共同占用一个内存单元

C. 只有当实参和形参同名时才占用同一个内存单元

D. 形参是虚拟的,不占用内存单元

4. 以下程序的输出结果是(　　)。

```
fun(int a,int b,int c)
{
    c=a+b;
}
int main()
{
    int c;
    fun(2,3,c);
    printf("%d\n",c);
    return 0;
}
```

A. 2　　B. 3　　C. 5　　D. 无定值

5. C 语言允许函数返回值使用默认类型,此时该函数隐含的返回值类型是(　　)。

A. float 型　　B. int 型　　C. long 型　　D. double 型

6. 若函数的形参为一维数组,则下列说法中正确的是(　　)。

A. 调用函数时的对应实参必为数组名

B. 形参数组可以不指定大小

C. 形参数组的元素个数必须等于实参数组的元素个数

D. 形参数组的元素个数必须多于实参数组的元素个数

7. 已有变量定义和函数调用语句：

```
int a=25;print_value(&a);
```

下面函数的正确输出结果是(　　)。

```
void print_value(int *x)
{
    printf("%d\n",++*x);
}
```

A. 23　　　B. 24　　　C. 25　　　D. 26

8. 若有说明 long *p,a;,则不能通过 scanf 语句正确给输入项读入数据的程序段是(　　)。

A. *p=&a;scanf("%ld",p);

B. p=(long *)malloc(8);scanf("%ld",p);

C. scanf("%ld",p=&a);

D. scanf("%ld",&a);

9. 有以下程序

```
#include <stdio.h>
void main()
{
    int m=1,n=2,*p=&m,*q=&n,*r;
    r=p;p=q;q=r;
    printf("%d,%d,%d,%d\n",m,n,*p,*q);
}
```

程序运行后的输出结果是(　　)。

A. 1,2,1,2　　　B. 1,2,2,1　　　C. 2,1,2,1　　　D. 2,1,1,2

10. 在 16 位编译系统上,若有定义 int a[]={10,20,30},*p=&a;,当执行 p++;后,下列说法错误的是(　　)。

A. p 向高地址移了一个字节　　　B. p 向高地址移了一个存储单元

C. p 向高地址移了两个字节　　　D. p 与 a+1 等价

11. 已知在程序中定义了如下语句：

```
int *p1,*p2;
int k;
p1=&k;p2=&k;
```

则下列语句中不能正确执行的是(　　)。

A. k= * p1+ * p2;　　　　B. p2=k;

C. p1=p2;　　　　D. k= * p1 * (* p2);

12. 若已定义 int a=5;,则下面对(1)、(2)两条语句的正确解释是(　　)。

(1) int * p=&a;　　　　(2) * p=a;

A. 语句(1)和(2)中的 * p 含义相同,都表示给指针变量 p 赋值

B. (1)和(2)语句的执行结果都是把变量 a 的地址值赋给指针变量 p

C. (1)在对 p 进行说明的同时进行初始化,使 p 指向 a;(2)将变量 a 的值赋给指针变量 p

D. (1)在对 p 进行说明的同时进行初始化,使 p 指向 a;(2)将变量 a 的值赋给 * p

13. 若有语句 int * p,a=10;p=&a;,则下面均代表地址的一组选项是(　　)。

A. a,p, * &a　　　　B. & * a,&a, * p

C. * &p, * p,&a　　　　D. &a,& * p,p

14. 定义以下结构体数组:

```
struct date
    {
        int year;
        int month;
    };
struct s
    {
        struct date birth;
        char name[20];
    }x[4]={{2008,8,"hangzhou"},{2009,3,"Tianjin"}};
```

语句 printf("%c,%d",x[1].name[1],x[1].birth.year);的输出结果为(　　)。

A. a,2008　　　　B. hangzhou,2008

C. i,2009　　　　D. Tianjin,2009

15. 定义以下结构体数组:

```
struct c
    { int x;
    int y;
    }s[2]={1,3,2,7};
```

则语句 printf("%d",s[0].x * s[1].x)的输出结果为(　　)。

A. 14　　　　B. 6　　　　C. 2　　　　D. 21

16. 定义以下结构体类型:

```
struct student
{
    char name[10];
    float average;
```

```
}stud1;
```

则 stud1 占用内存的字节数是( )。

A. 10　　B. 14　　C. 28　　D. 7

17. 函数调用语句 fseek(fp,－20L,2);的含义是( )。

A. 将文件位置指针移到距离文件头 20 个字节处

B. 将文件位置指针从当前位置向后移动 20 个字节

C. 将文件位置指针从文件末尾处后退 20 个字节

D. 将文件位置指针移到离当前位置 20 个字节处

18. 若有说明 int ＊p,a=1,b;,以下正确的程序段是( )。

A. p=&b;scanf("%d",&p);　　B. scanf("%d",&b);＊p=b;

C. p=&b;scanf("%d",＊p);　　D. p=&b;＊p=a;

19. 以下程序中,调用 scanf()函数给变量 a 输入数值的方法是错误的,其错误原因是( )。

```
#include <stdio.h>
void main()
{
    int *p,*q,a,b;
    p=&a;
    printf("input a:");
    scanf("%d",*p);
    ……
}
```

A. ＊p 表示的是指针变量 p 的地址

B. ＊p 表示的是变量 a 的值,而不是变量 a 的地址

C. ＊p 表示的是指针变量 p 的值

D. ＊p 只能用来说明 p 是一个指针变量

20. 下面判断正确的是( )。

A. char ＊s="girl";等价于 char ＊s;＊s="girl";

B. char s[10]={"girl"};等价于 char s[10];s[10]={"girl"};

C. char ＊s="girl";等价于 char ＊s; s="girl";

D. char s[4]="boy",t[4]="boy";等价于 char s[4]=t[4]="boy";

二、根据说明,将程序补充完整。(每空 2 分,共 20 分)

21. 以下程序的功能是:在主函数中输入 8 个整数,定义子函数 fun(),求这 8 个数的最大值、最小值、算术平均值,结果在子函数中输出。

```
#include "stdio.h"
```

```
void fun(int *p,int n)
{
    int max,min,sum=*p,i;
    float average;
    max=*p;min=*p;
    i=1;
    ___(1)___________________________________
    {
        if(*(p+i)>max)
        max=*(p+i);
        ___(2)___________________________________
        min=*(p+i);
        ___(3)___________________________________
        i++;
    }
    average=1.0*sum/n;
    printf("最大值:%d,最小值:%d,平均值:%f\n",max,min,average);
}
int main()
{
    int a[8],i;
    printf("请输入 8 个整数:");
    for(i=0;i<8;i++)
    scanf("%d",&a[i]);
    ___(4)___________________________________
    return 0;
}
```

22. 以下程序的功能是:在主函数中输入一个字符串(长度不超过 100),定义一个子函数将该字符串中的所有大写字母提取出来组成一个新的字符串,将新的字符串的长度返回给主函数,并在主函数中输出该结果。

```
#include "stdio.h"
#define MAX 100
int upper(char s[]);
int main()
{
    char str[MAX];
    int count;
    printf("请输入一个字符串:");
    gets(str);
    ___(5)___________________________________
```

```
    printf("大写字母的个数为:%d\n",count);
}
int upper(char s[])
{
    int i=0,j=0;
    while(s[i]!='\0')
    {
        ____(6)____________________

        {
        s[j]=s[i];
        j++;
        }
        i++;
    }
    s[j]='\0';
    ____(7)____________________
}
```

23. 输出身高最矮的同学的姓名和身高值。

```
#include "stdio.h"
struct student
{
    char name[20];
    float height;
}stu[ ]={{"Kevin",180},{"Tom",165},{"Jack",177}};
void main()
{
    struct student *p,*q;
    float h=0;
    ____(8)____________________
        if(p->height<h)
        {
            q=p;
                ____(9)____________________
        }
        ____(10)____________________
}
```

三、分析程序,写出程序的运行结果。(每题 5 分,共 10 分)

24.

```
#include "stdio.h"
```

```
void fun (int a,int b,int c)
{
    a=456;
    b=567;
    c=678;
}
int main()
{
    int x=10,y=20,z=30;
    fun (x,y,z);
    printf("%d,/%d,%d\n",x,y,z);
    return 0;
}
```

25.

```
#include "stdio.h"
void main()
{
    char s[]="example!",*t;
    t=s;
    while(*t!='p')
    {
        printf("%c",*t-32);
        t++;
    }
}
```

四、程序设计题。(每题 10 分,共 50 分)

26. 编写子函数打印以下图形,将图形中的行数作为函数的形参。在主函数中输入行数 n,调用该函数打印行数为 n 的图形(如输入 5,则打印如下所示图案)。

```
*
* *
* * *
* * * *
* * * * *
```

27. 编写子函数,该函数的功能是判断一个整数是不是素数,在主函数中输入一个整数,调用该函数,判断该数是不是素数,若是,则输出“yes”,否则输出“no”。

28. 在主函数中输入一个字符串(长度不超过 100),定义子函数统计字符串中英文字母、数字及其他字符分别出现的次数,结果在主函数中输出(不能使用全局变量)。

29. 编写子函数，使用指针处理将输入的字符串中的“*”号删除。字符串(长度不超过100)的输入和输出在主函数中完成。

30. 定义一个结构体，用来描述某公司员工的基本信息，信息包含员工姓名、员工年龄、员工的月工资，并在主函数中定义一个结构体变量，然后将其姓名赋值为 Kevin，再从键盘输入该员工的年龄和月工资，最后将该员工的信息输出。

C语言程序设计综合测试(1)

一、单项选择题。(每题2分,共20分)

1. 下列四个选项中,属于C语言关键字的是(　　)。

A. float　　B. double　　C. printf　　D. pow

2. 以下各组的两个标识符中,均可以用作变量名的一组是(　　)。

A. a01,Int　　B. table_1,a*1

C. 0_a,W12　　D. for,point

3. 设有声明"float a=1.23456;int b;",欲将a中的数值保留小数点后两位,第三位进行四舍五入运算,能实现该功能的表达式是(　　)。

A. b=a*100+0.5,a=b/100.0　　B. a=(a*100+0.5)/100.0

C. a=((int) a*100+0.5)/100.0　　D. a=(a/100+0.5)/100.0

4. 一元二次方程 $ax^2+bx+c=0$ 有两个相异实根的条件是 $a\neq0$ 且 b*b-4ac>0,下面能正确描述该条件的表达式是(　　)。

A. a!=0,b*b-4ac>0　　B. a!=0||b*b-4ac>0

C. a&&b*b-4ac>0　　D. !a&&b*b-4ac>0

5. 以下与库函数strcpy(char *p,char *q)功能不相等的程序段是(　　)。

A.
```
strcpy1(char *p,char *q)
  { while ((*p++=*q++)!='\0');
  }
```

B.
```
strcpy2(char *p,char *q)
  { while((*p=*q)!='\0')
  {p++;      q++;}
}
```

C.
```
strcpy3(char *p, char *q)
  { while (*p++=*q++);
  }
```

D.
```
strcpy4(char *p,char *q)
  { while(*p)
        *p++=*q++;
  }
```

6. 为表示关系 x≥y≥z,应使用C语言表达式(　　)。

A. (x>=y)&&(y>=z)　　B. (x>=y)AND(y>=z)

C. (x>=y>=z)　　D. (x>=y)&(y>=z)

7. 设有整型变量 m 的值为 8,下列赋值语句中正确的是(　　)。

A. ++m=6;　　B. m=m++;　　C. m+1=8;　　D. m+1+=8;

8. 要使下面程序输出 10 个整数,则在下划线处填入正确的数是(　　)。

```
for(i=0;i<= ______;)
printf("%d\n",i+=2);
```

A. 9　　B. 10　　C. 18　　D. 20

9. 以下程序的输出结果是(　　)。

```
#include <stdio.h>
void main()
{
    int i;
    for (i=4;i<=10;i++)
    {
        if (i%3==0)continue;
        printf("%d",i);
    }
}
```

A. 45　　B. 457810　　C. 69　　D. 678910

10. 若已定义 char s[10];,则在下面表达式中不表示 s[1]地址的是(　　)。

A. s+1　　B. s++　　C. &s[0]+1　　D. &s[1]

二、根据说明,将程序补充完整。(每空 2 分,共 12 分)

11. 从键盘输入三个整数,求其最大值并输出。

```
#include <stdio.h>
void main()
{
    int a,b,c,max;
    (1)____________________
    max=a;
    (2)____________________
    max=b;
    if(c>max)
    (3)____________________
    printf("%d\n",max);
}
```

12. 编写一个函数，函数的功能是求出所有在正整数 M 和 N 之间能被 5 整除，但不能被 3 整除的数的个数，并输出这些数，其中 M<N。在主函数中调用该函数，求出 100 至 200 之间能被 5 整除，但不能被 3 整除的数的个数，并在主函数中输出。

```
#include "stdio.h"
int fun(int M,int N)
{
    int i;
    ____(4)____________________________
    for(i=M;i<=N;i++)
        ____(5)____________________________
        {
            printf("%d  ",i);
            count++;
        }
}
void main()
{
    int m;
    ____(6)____________________________
    printf("\n能被5整除,但不能被3整数的数的个数为:%d\n",m);
}
```

三、分析程序，写出程序的运行结果。（每题 5 分，共 10 分）

13.

```
#include "stdio.h"
#include "string.h"
void main()
{
    char b1[8]="abcdefg",b2[8],*pb=b1+3;
    while(--pb>=b1) strcpy(b2,pb);
    printf("%d\n",strlen(b2));
}
```

14.

```
struct country
{
    int num;
    char name[20];
}x[5]={1,"China",2,"USA",3,"France",4,"England",5,"Spain"};
void main()
```

```
{
    int i;
    for (i=3;i<5;i++)
        printf("%d%c",x[i].num,x[i].name[0]);
}
```

四、基础程序设计题。(每题 6 分,共 18 分)

15. 从键盘输入一个年份,判定其是否为闰年,并将判定结果输出。

16. 利用循环结构求表达式 1－1/3＋1/5－1/7＋1/9＋…＋1/(2＊n－1)－1/(2＊n＋1)的结果,并将结果输出,其中 n 值为从键盘输入的大于等于 1 的奇数。

17. 利用循环嵌套结构打印出如下图案。

```
*
* * *
* * * * *
* * * * * * *
```

五、综合程序设计题。(每题 10 分,共 40 分)

18. 编程输出 3000 以内的素数,每行输出 15 个元素。

19. 在主函数中输入两个字符串,定义子函数,将一个字符串的内容连接到另一个字符串,并将连接后的字符串在主函数中输出(需要使用指针处理,且不调用 strcat()函数)。

20. 定义一个结构体,用来描述某类大学的基本信息,信息包含学校名称、学校地址、在校学生人数,并在主函数中定义一个结构体数组,从键盘动态地输入三所学校的基本信息,然后将相关信息输出。

21. 在主函数中输入 6 个实型数据,定义子函数求其平均值,并将结果在主函数中输出。

C语言程序设计综合测试(2)

一、单项选择题。(每题2分,共20分)

1. 若a是float型变量,则表达式a=1,a++,a+=a的值为(　　)。

A. 2　　B. 4　　C. 2.0　　D. 4.0

2. 在scanf()函数的使用中,能顺利从终端接收一个值赋给变量,以下叙述中正确的是(　　)。

A. 输入项可以是一个实型常量,如scanf("%f",3.5);

B. 可以只有格式控制,没有输入项,如scanf("a=%d,b=%d");

C. 格式控制部分可以规定小数点后面的位数,如scanf("%4.2f",&d);

D. 当输入数据时,必须指明变量地址,如scanf("%f",&f);

3. 以下程序的输出结果是(　　)。

```
#include <stdio.h>
void main()
{
    int a=5,b=3;
    float x=3.14,y=6.5;printf("%d,%d\n",a+b!=a-b,x<=(y-=6.1));
}
```

A. 1,0　　B. 0,1　　C. 1,1　　D. 0,0

4. 下面程序中有错误的行是(每行程序前面的数字表示行号)(　　)。

```
1 void main()
2 {
3    float a[3]={1};
4    int i;
5    scanf("%d",&a);
6    for(i=1;i<3;i++) a[0]=a[0]+a[i];
7   printf("a[0]=%d\n",a[0]);
8 }
```

A. 3　　B. 6　　C. 7　　D. 5

5. 以下与库函数strcmp(char *s,chat *t)的功能不相等的程序段是(　　)。

A. strcmp1(char *s,chat *t)

```
{ for (;*s++==*t++;)
      if (*s=='\0') return 0;
```

```
    return ( * s- * t);
  }
```

B. strcmp2(char *s,char *t)

```
  { for (; *s++== *t++;)
        if (! *s) return 0;
    return ( * s- * t);
```

C. strcmp3(char *s,char *t)

```
  { for (; *t== *s;)
      { if (! *t) return 0;
      t++;
      s++;}
    return ( * s- * t);
  }
```

D. strcmp4(char *s,char *t)

```
  { for(; *s== *t;s++,t++)
      if (! *s) return 0;
      return ( * t- * s);
  }
```

6. 以下 if 语句中格式正确的是(　　)。

A. if(a>b) b++ else a++;

B. if(a>b) {b++;printf ("%d",b);}
   else {a++;printf("%d",a);}

C. if(a>b) {b++;printf("%d",b)}
   else{a++;printf("%d",a);}

D. if(a>b)b++;printf("%d",b);
   else printf("%d",a);

7. 若 i 是 int 型变量,且有下面的程序片段:

```
i=0;
if(i<=0) printf("# # # #")
else printf("****");
```

则上面程序片段的输出结果是(　　)。

A. ＃＃＃＃

B. ＊＊＊＊

C. ＃＃＃＃＊＊＊＊

D. 有语法错误,无输出结果

8. 下面程序的输出结果是(　　)。

```
void main()
```

```
{
    int s,k;
    for(s=1,k=2;k<5;k++)
    s+=k;
    printf("%d\n",s);
}
```

A. 1　　　B. 9　　　C. 10　　　D. 15

9. 有以下程序,运行后的输出结果是(　　)。

```
void main()
{
    int a=2,b=0,c=-1;
    if(a=b+c)
        if(a>0)
        b=c=a;
        else if(a==0)
        a=b=c=0;
        else
        a=b=c=1;
    else a=b=c=-1;
        printf("%d,%d,%d",a,b,c);}
```

A. 1,1,1　　　B. 0,0,0　　　C. −1,−1,−1　　　D. 2,2,2

10. 若有说明语句:char s[]="it is a example.",*t="it is a example.";,则以下叙述不正确的是(　　)。

A. s表示的是第一个字符i的地址,s+1表示的是第二个字符t的地址

B. t指向另外的字符串时,字符串的长度不受限制

C. t变量中存放的地址值可以改变

D. s中只能存放16个字符

二、根据说明,将程序补充完整。(每空2分,共12分)

11. 从键盘上输入10个整数,求输入的所有正数的平均值。

```
#include "stdio.h"
void main()
{
    int m,i,sum=0;
    ____(1)____
    float ave;
    printf("请依次输入10个整数:\n");
    ____(2)____
```

```
    {
        scanf("%d",&m);
        if(m>0)
        {
            ___(3)___________________________
            count++;
        }
    }
    ave=sum*1.0/count;
    printf("所有正数的平均值为:%.2f\n",ave);
}
```

12. 设 m 是一个四位数整数，它的 9 倍恰好是其反序数，求 m。反序数就是将整数的数字倒过来形成的整数，如 1234 的反序数是 4321。

```
#include "stdio.h"
void main()
{
    int m;
    int i,j,p,q;
    ___(4)_____________________________
    {
        i=m/1000;
            ___(5)_________________________
        p=m%100/10;
            ___(6)_________________________
        if((q*1000+p*100+j*10+i)==m*9)
            printf("%d\n",m);
    }
}
```

三、分析程序，并写出程序的运行结果。（每题 5 分，共 10 分）

13.

```
#include "stdio.h"
void fun(int *x,int *y)
{
    printf("%d %d",*x,*y);
    *x=3;
    *y=4;
}
void main()
```

```
{
    int x=1,y=2;
    fun(&y,&x);
    printf("%d %d",x,y);
}
```

14.

```
#include "stdio.h"
int f(int n)
{
    if(n==1)
        return 1;
    else
        return f(n- 1)+1;
}
int main()
{
    int i,j=0;
    for(i=1;i<3;i++)
        j+=f(i);
    printf("%d\n",j);
    return 0;
}
```

四、基础程序设计题。(每题 6 分,共 18 分)

15. 从键盘输入一个字符,判定其是大写字母、小写字母或是其他字符,并将判定结果输出。

16. 输入整型数 n,求其阶乘并将结果输出。

17. 利用循环嵌套结构打印出如下图案。

```
* * * * * * * * *
* * * * * * *
* * * * *
* * *
*
```

五、综合程序设计题。(每题 10 分,共 40 分)

18. 在主函数中输入一个正整数,定义子函数将其转化为二进制数,将二进制数在主函数中输出(提示:二进制数用数组存放)。

19. 输入一个字符串(长度不超过 100),再输入一个字符,将该字符串中的该字符删除后形成新的字符串并输出，如字符串为 I love China，today is a sunny day!。若要删除的字符为'a'，则处理后的字符串变为 I love Chin，tody is sunny dy!。

20. 定义一个结构体，用来描述公司的基本信息，信息包含公司名称、公司地址、公司职工人数、公司年营业额。现在主函数中定义一个结构体数组，并从键盘动态地输入 4 个公司的基本信息，然后将相关信息输出。

21. 在主函数中输入 5 个整型数据，定义子函数求其最大值，并将结果在主函数中输出（要求：使用指针处理）。

参考文献

[1] 胡成松，黄玉兰，李文红. C 语言程序设计[M]. 北京：机械工业出版社，2015.

[2] 李新华、梁栋. C 语言程序设计习题解答与上机指导[M]. 3 版. 北京：中国电力出版社，2019.

[3] 谭浩强. C 语言程序设计[M]. 北京：清华大学出版社，2003.

[4] 邓树文. C 语言实训教程[M]. 北京：电子工业出版社，2016.

[5] 陈维，鲁丽，曹惠雅，杨有安. C 语言程序设计实训教程[M]. 北京：人民邮电出版社，2018.

[6] 包锋，李峰. C 语言程序设计实训[M]. 北京：中国铁道出版社，2019.

[7] 刘涛，夏启寿. C 语言程序设计实训教程[M]. 北京：科学出版社，2018.

[8] 陈鑫. C 语言程序设计实训教程[M]. 北京：北京邮电大学出版社，2018.

[9] 钱冬梅，王宁，吕向风. C 语言实验指导及习题解析[M]. 北京：中国铁道出版社，2018.

[10] 徐英慧，刘梅彦，李文杰，周淑一. C 语言习题、实验指导及课程设计[M]. 3 版. 北京：清华大学出版社，2018.